全国高等职业教育电类专业研究会审定教材

高职电类精品课程规划教材

电子产品结构与工艺

主　编　万少华
副主编　陈　卉

北京邮电大学出版社
·北京·

内 容 简 介

本书针对机电类专业的学生在以后开发研制电子产品工作中应该掌握的有关电子产品结构与工艺的相关知识作了较系统的介绍。全书共 7 章,主要内容包括:电子产品制造概要;印制电路板设计与制作;焊接工艺;安装工艺;产品可靠性与防护;电子产品整机结构及外观审美设计;电子产品技术工艺文件与体系。

本书内容涉及知识面广,而且图文并茂,浅显易懂,既可作为高职院校电子类专业教材,还可作为电子产品设计和制造等专业技术人员的参考书籍。

图书在版编目(CIP)数据

电子产品结构与工艺/万少华主编 . —北京:北京邮电大学出版社,2008(2024.8 重印)
ISBN 978-7-5635-1497-7

Ⅰ.电… Ⅱ.万… Ⅲ.电子产品—生产工艺—高等学校:技术学校—教材 Ⅳ.TN05

中国版本图书馆 CIP 数据核字(2007)第 190636 号

书　　名:电子产品结构与工艺
主　　编:万少华
副 主 编:陈 卉
责任编辑:毋燕燕
出版发行:北京邮电大学出版社
社　　址:北京市海淀区西土城路 10 号(100876)
发 行 部:电话:010-62282185　传真:010-62283578
E-mail:publish@bupt.edu.cn
经　　销:各地新华书店
印　　刷:河北虎彩印刷有限公司
开　　本:787 mm×1 092 mm　1/16
印　　张:13.5
字　　数:315 千字
版　　次:2008 年 2 月第 1 版　2024 年 8 月第 7 次印刷

ISBN 978-7-5635-1497-7　　　　　　　　　　　　　　　定　价:27.00 元
· 如有印装质量问题,请与北京邮电大学出版社发行部联系 ·

高职电类精品课程规划教材
参编院校

北京联合大学	金陵科技学院
东北电力大学	南京信息职业技术学院
宁波职业技术学院	北京信息职业技术学院
北京电子科技职业学院	武汉职业技术学院
长江职业学院	湖北交通职业技术学院
天津电子信息职业技术学院	杭州职业技术学院
宁波大红鹰职业技术学院	浙江交通职业技术学院
浙江机电职业技术学院	浙江工商职业技术学院
江西九江职业技术学院	广东水利电力职业技术学院
常州信息职业技术学院	淮安信息职业技术学院
吉林电子信息职业技术学院	沈阳职业技术学院
武汉交通职业技术学院	武汉船舶职业技术学院
南京交通职业技术学院	南京正德职业技术学院

前　言

当前,电子产品与人们的生活愈加密不可分,大到国防建设、航天工业,小到手机、收音机、石英钟,电子产品可谓无处不在。电子产品的质量关系到各行各业及千家万户的切身利益,特别是我国已加入世界贸易组织,电子产品的质量将直接影响到我国的国际形象及电子产品在全球市场上的占有率,产品质量的重要性不言而喻。编者曾多年工作在电子产品设计、生产的第一线,深知工艺设计的优劣以及操作者对工艺的理解与执行情况对产品质量的重大影响。编写本书的目的在于向高职院校电子信息类专业的学生传授产品结构与产品工艺的必要知识,避免讨论过多的结构设计计算及机械工艺理论。各院校可以根据学生的具体情况,有选择性地学习相关知识,以培养出懂理论、有技术的一线技术应用人才,这也正是高职教育的培养目标。

本书的特点是突出理论联系实际,并体现了新知识、新技术、新工艺和新方法,而且图文并茂、通俗易懂、非常实用,有利于学生掌握实用技能,为以后能生产出"好用、好看、好卖"的电子产品奠定基础。

本书从生产实际出发,以电子产品整机的生产为主线,其内容涉及其生产的全过程,知识面相当广。本书参考学时数为 60 学时,全书共 7 章,主要内容包括:印制电路板的设计与制作;焊接与组装工艺;产品可靠性与防护;电子产品整机结构与外观审美设计等。各章内容互相独立,教学时可根据实际情况适当取舍内容和调整顺序,不会影响教学。

本书由武汉职业技术学院万少华担任主编,负责前言、绪论,各章的内容提要、重点和小结等内容的编写,以及对每章节的具体修改。参与编写的还有武汉职业技术学院的夏光蔚、黎爱琼、徐雪慧、周琦、朱婷、杨杰以及长江职业学院的陈卉,他们分别各编写了一章的内容。全书由万少华统稿。

由于编者水平有限,时间紧迫,书中错误与不足之处,恳请广大读者批评指正。

作　者

目　　录

第3章 焊接工艺

第4章 安装工艺

第 5 章　产品可靠性与防护

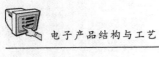

绪　　论

一、电子产品概述

通常，人们把用机械学原理制成的产品称为机械产品，同样，把用电子学原理制成的设备、装置、仪器、仪表等统称为电子产品，例如，通信产品、电视机、电子计算机、电子测量仪器、办公自动化产品、B超机、CT机等。如今，电子产品广泛应用于国防、国民经济以及人们生活的各个领域。就其用途来说，它在通信、广播、电视、导航、无线电定位（如 GPS 系统）、自动控制、遥控遥测和计算机技术等方面已得到广泛的应用；从其使用范围来看，在航天、高空、地面和水下都广为采用。可见电子产品和人类生活联系密切。

二、电子技术发展历程及现代化电子产品

当前，电子产品与人们的生活愈加密不可分，可谓是无处不在，其生产发展是与电子技术密切相关的。在当代科学技术中，电子技术的发展是最快的一门技术。从 20 世纪 50 年代以来，电子技术经历了电子管时代、晶体管时代、集成电路时代、中大规模集成电路时代、超大规模集成电路时代。每一次的新材料使用、新器件的出现及新的工艺手段的采用，都使电子产品在电路上和结构上产生了巨大的飞跃，也使其各方面的性能和使用价值提高了很多。此外，电子数字技术、卫星技术、光纤与激光、信息处理技术等新技术，也很快应用到电子工业生产中，使新一代的电子产品面貌为之一新。以我们身边的电子产品为例，超小型移动电话（手机）、超薄型笔记本电脑、高清数字电视、精美的 DVD 机以及互联网络产品等高新技术成果的不断推出，都充分说明了电子技术的高速发展有效地促进了电子产品的高速发展。

面对形形色色的电子产品，怎么来认识现代电子产品呢？当产品本身及其使用的部件是高指标、新技术、新器件、多功能、小型化、低成本、低消耗时就可以称为现代化电子产品。正因为现代化电子产品具有这些特点，它早已在各领域获得了广泛的应用，是现代信息社会的重要标志。不久的将来，会有更多越来越智能化的电子产品涌现出来。

三、现代电子产品的分类及其特点

1. 现代电子产品的分类

现代电子产品虽然种类繁多，但就其功能与用途而言，大致上可分为三大类。

（1）广播通信类：如广播、电视，各种有线及无线电通信产品等。

（2）信息处理类：如各种类型的电子计算机及其外围产品，数据处理及计算机控制产品等。

（3）电子应用类：如各种电子检测产品、雷达产品、医用电子产品以及各种激光应用产品等。

根据其产生、变换、传输和接收的电磁信号（连续信号与离散信号）的不同，一般可分

为模拟电子产品和数字电子产品,二者在组成功能上有许多相同之处,但在组成方法上有本质的区别。其形式是多种多样的,使用的条件和要求也是较复杂的。

2．现代电子产品的特点

由于现代电子产品用途多,使用范围广加之新技术的应用,使现代电子产品与以往的电子产品有很多不同之处。就整体而言,比较明显的特点有如下几点,这些特点也给现代电子产品的生产和设计提出了努力的方向,要尽量满足这些要求。

（1）轻、薄、短、小的特点。这一特点和以前的产品"傻、大、粗、重"形成了鲜明的反差。随着新材料、新技术、新器件、新工艺的出现和使用,现代电子产品无疑具有轻、薄、短、小的特点,这一特点使得电子产品的使用范围越来越广泛。如电子计算机体积从原来的占几个房间的庞然大物变为一台普通电脑,再到手提电脑、掌上电脑,使电脑在飞机等空间产品上使用成为可能。另外,我们所用的手机也能很好地体现这一特点。

（2）电子产品使用广泛。目前,电子产品广泛应用于国防、国民经济及人民生活的各个领域,在高空、陆地、海洋都能随处可见。由于产品所处的工作环境十分复杂,比如,在高空中使用的产品可能会受到低气压的影响,使得印制电路板上导线间的击穿电压降低;在陆地上使用的产品会受到震动和沙尘的影响;在海洋上使用的产品会受到海水腐蚀的影响。因此,在做电子产品的设计时,必须解决好这些问题。

（3）电子产品的可靠性要求高。在各种恶劣的环境下使用,电子产品就容易出现故障,这就要求提高产品的可靠性,尤其是对军用及航天产品,显得更为重要。如电子制导的导弹、运载火箭、人造卫星等飞行器若出现故障,将会产生严重的后果,必须采取有效措施,保证电子产品的高可靠性。我们将在电子产品的可靠性一节里讨论这一问题。

（4）电子产品的精度要求高,功能多,抗干扰能力强。在某些情况下,电子产品要求具有足够高的精度,如卫星通信地面站要求直径 30 m 的抛物面天线能自动跟踪 4 万千米高空中的人造卫星,其跟踪精度是相当高的。又如在电子制导系统中要求误差在 1 m 范围内,而且在卫星回收技术中,也要求有很高的精度,使回收卫星落在指定的范围内等。

此外,现代电子产品要求具有多种功能,以充分利用资源和发挥更大的作用。这点仅从民用电子产品的变化就可以看出,我们使用的手机其功能之多足以说明这一特点。

抗干扰能力强也是许多电子产品必不可少的,尤其在军事上,由于大量使用现代电子产品,使电子对抗加强,制电磁权与制空权、制海权相提并论,如空中预警机就要求有很高的抗电磁干扰的能力。如今,足够的精度及抗干扰能力已作为电子产品设计的技术条件。

四、电子产品的生产与工艺

电子产品的生产可以简单地理解为加工制作产品,工艺是指加工制作产品的方法和艺术。我们常讲的产品设计是解决产品"是什么"的问题,而工艺是解决产品"怎么做"的问题。很显然在产品设计已完成的情况下,工艺是决定产品质量的关键。任何企业在生产中都少不了工艺工作这一环节。生产活动是工艺要素的有机结合,其工艺要素有生产工人、工装设备、原材料、工艺规程。工艺在国外是极其保密的,在他们看来,"工艺就是专利,专利就是资本"。在国内,重视设计、轻视工艺的倾向和做法已经发生了很大改变。对整机生产来说企业工艺人员和设计人员的比例应为 1.5：1,元器件厂至少按 2：1 的方式发展。

电子产品整机制造的工艺有机械加工工艺、表面加工工艺、联接工艺、化学工艺、塑料工艺、总装工艺等,要做好一个电子产品,所涉及的知识面相当广。

五、本课程的内容和任务

电子产品的结构设计与工艺包含相当广泛的技术内容,涉及力学、机械学、化学、电学、热学、光学、无线电电子学、金属热处理、工程心理学、环境科学、美学等多门基础学科。将其作为一门课,只能重点介绍电子产品结构设计与工艺的基础知识。主要包括如下内容。

(一) 电路设计与结构设计的概念

一个完整的电子产品由两个相对独立的部分组成,它们分别是电路部分和结构部分,因此其设计也相应地分为电路设计和结构设计。

电路设计是指根据产品的性能要求和技术条件,制定方框图或电路原理图,画出PCB印制板,并进行必要的线路计算,初步确定元器件参数,制作好印制电路板并做相应的实验,确定出最终的电路图的设计过程。

结构设计是指根据电路设计提供的资料(电路图和元器件资料),并考虑产品的性能要求、技术条件等,安装固定电路板,合理放置特殊元器件。与此同时还要进行各种防护设计和机械结构设计,最后组成一部完整的产品,并给出全部工作图的设计过程。

实质上电路设计完成后还不能成为一台电子产品,要变成一台电子产品,还必须完成很多的结构设计内容。目前,结构设计在电子产品设计中,占有较大的工作量,它直接关系到电子产品的性能和技术指标的实现。电子产品结构设计已发展成一门独立的综合学科。在设计电子产品的过程中,电路和结构设计很难截然分开,这就要求电路设计者和结构设计者协同配合,密切合作,才能圆满完成设计任务。作为电路设计人员,掌握和了解结构与工艺知识,密切与结构设计人员配合,是很有益的。

(二) 电子产品结构设计与工艺的内容

1. 整机机械结构与造型设计

(1) 结构件设计。包括机柜、机箱(或插入单元)、机架、机壳、底座、面板、把手、锁定装置及其附件的设计。

(2) 机械传动装置设计。根据信号的传递或控制过程中,对某些参数(电的或机的)的调节和控制所必需的各种执行元件进行合理设计,方便操作者使用。

(3) 总体外观造型与色彩设计。从心理学及生物学的角度来设计总体及各部件的形状、大小及色彩,以便给人以美的享受。

(4) 整体布局。在完成上述各方面的设计后,合理安排整体结构布局、互相之间的连接形式及结构尺寸的确定等,做到产品既好用又好看。

2. 整机可靠性设计

研究电子产品产生故障的原因,可靠性的表示方法及提高产品可靠性的措施。

3．热设计

研究温度对电子产品产生性能的影响及各种散热方法。

4．防护与防腐设计

主要研究各种恶劣环境（如潮湿、盐雾、霉菌等）对电子产品的影响及防护方法。

5．隔振与缓冲设计

讨论振动与冲击对电子产品的影响及隔振缓冲的方法。

6．电磁兼容性设计

研究电子产品如何提高抗干扰能力和减小对外界的干扰。设计方法有屏蔽设计和接地设计等。

7．印制电路板的设计与制造工艺

印制电路板是电子产品中的重要部件。设计中既要满足电性能要求还要考虑温度、防腐、防震、电磁干扰、导线的抗剥强度等问题。

8．焊接工艺

在电子产品中，导线之间、元器件之间的联接绝大部分是焊接问题，因此必须讨论各种焊接方法及存在的质量问题。

9．组装与调试

电子产品的组装是将各种电子元器件、机电元件及结构件，按设计的要求，装在规定的位置上，组成具有一定功能的完整的电子产品的过程。要保证结构安排合理、工艺简单、产品可靠。

电子产品装配后，必须通过调试才能达到规定的技术要求。

10．结构试验

根据电子产品的技术要求和特殊用途，模拟产品的工作条件对产品及其关键元器件、部件进行各种结构试验，以考核设计的正确性和可靠性。

（三）电子产品结构设计与工艺的任务

电子产品结构设计与工艺的任务是以结构设计与工艺为手段，保证所设计的电子产品在既定的环境条件和使用要求下，达到规定的各项指标，并能稳定可靠地完成预期的功能。如今，随着科技的发展和生活水平的提高，人们的要求也越来越高，市场竞争也越来越激烈，这就要求设计与生产出来的电子产品既要"好用"，又要"好看"，还要"好卖"。

第1章

电子产品制造概要

【内容提要】

本章主要介绍在设计制造电子产品时,对电子产品的基本要求,即生产方面对它的要求、工作环境对它的影响和使用方面对它的要求,以及设计制造电子产品的主要依据,电子产品在生产制造的过程中,整机制造的一般顺序、主要工作内容以及工艺种类和规程。

【本章重点】

电子产品设计制造的主要依据。

1.1 对电子产品的基本要求

电子产品在使用、运输、储存中会遇到各种因素的影响,有些会加速造成产品的损坏。这些因素包括工作环境(如气候、机械应力、电磁干扰等),使用环境(如体积重量、操作维修等)。因此,在设计制造电子产品时,要充分考虑上述因素的影响,采取合理的工艺手段,力求将破坏应力降到最低限度。

1.1.1 生产方面对电子产品的要求

1. 生产条件对电子产品的要求

电子产品在研制阶段完成之后要投入生产,但生产企业的设备情况、技术水平、工艺水平、生产能力、生产周期、生产管理水平等生产条件都对电子产品有一定的要求。如果要顺利地生产则必须满足这些生产条件对它的要求,否则,就不可能生产出优质的产品,甚至根本无法生产。

(1)产品中的电子元器件

产品中的零部件、元器件的品种和规格应尽可能少,技术参数、形状、尺寸应尽最大限度地标准化和规格化,尽量采用生产企业以前曾经生产过的零部件或其他专业企业生产的通用零部件或产品。这样便于生产管理,有利于提高产品质量,保持产品继承性,并能降低成本。

（2）产品中的机械元器件

产品中的机械零部件、元器件必须具有较好的结构工艺性，能够采用先进的工艺方法和流程，使得原材料消耗降低，加工工时缩短。例如，零件的结构、尺寸和形状要便于实现工序自动化，以无屑加工代替切削加工，提高冲压件、压塑件的数量和比例等。

（3）产品中使用的原材料

产品所使用的原材料，其品种规格越少越好，应尽可能地少用或不用贵重材料，立足于使用国产材料和来源多、价格低的材料。

（4）产品的加工精度

产品（含零部件）加工精度的要求应与技术要求相适应，不允许无根据地追求高精度。在满足产品性能指标的前提下，其精度等级应尽可能的低，装配也应简易化，尽量不搞选配和修配，便于自动流水生产。

2. 经济性对电子产品的要求

电子产品的经济性包括使用经济性和生产经济性两方面内容。产品在使用、储存和运输过程中所消耗的费用，称为使用经济性，其中维修费所占的比例最大，电费次之。生产经济性是指生产成本，它包括生产准备费用、原材料的辅助费用、工资和附加费用、管理费用等。为提高产品的经济性，在设计阶段应考虑以下几个问题。

（1）研究产品的技术条件，分析产品设计参数、性能和使用条件，正确制定设计方案和确定产品的复杂程度，这是产品经济性的首要条件。

（2）由产量确定产品结构形式和生产类型。产量的大小决定着生产批量的规模，进而影响生产方式类型。

（3）在保证产品性能的条件下，按最经济的生产方式设计零部件，在满足产品技术要求的条件下，选用最经济合理的原材料和元器件，以降低产品的成本。

（4）周密设计产品的结构，使产品具有较好的操作维修性能和使用性能，降低产品的维修和使用费用。

1.1.2　工作环境对电子产品的要求

工作环境包括气候环境、机械环境和电磁环境，三者是影响电子产品的主要环境因素。有的使用场合还存在着腐蚀性气体、粉尘或金属粉尘等特殊环境条件。必须采取有效措施，降低它们对产品的影响，确保产品的稳定性。

1. 气候条件对电子产品的要求

气候环境要素包括温度、湿度、气压、盐雾、风沙、太阳辐射等。气候环境对产品的影响主要有：温升过高，会加速产品氧化，造成绝缘结构、防护层的老化，使电气性能下降；物体产生变形，导致机械应力增大，造成结构损坏；低温则会使相对湿度增大，产生结露现象；气压的变化，会改变产品的散热条件，空气绝缘度降低；盐雾、霉菌、沙尘可加速腐蚀，使产品的可靠性下降，故障率上升。为减少和防止这些不良影响，电子产品应采取散热措施，限制产品的温升。保证产品在最高温度条件下，元器件的温度不超过最高极限温度，并要求产品能承受高低温循环时的冷热冲击；还要采取措施，防止潮湿、盐雾、大气污染等因素对电子产品内元器件及零部件的侵蚀和危害，延长其工作时限。

2. 机械条件对电子产品的要求

机械环境主要是指电子产品在储存、运输和使用过程中所承受的机械振动、冲击、离心加速度等机械作用。这些机械作用会使紧固件松脱,机械构件或元器件损坏,电参数改变,金属疲劳破坏等。最具破坏性的是共振现象,即整机或其组成部件的固有频率与外界激振力频率一致,此时物体振幅最大,易造成元器件、组件或机箱结构断裂或损坏。应采取有效减振缓冲措施,保证电子产品内的元器件和机械零部件在外界强烈的振动和冲击下,不受损坏和发生过大的变形,提高电子产品的耐冲击力,保证电子产品的可靠性。

3. 电磁环境对电子产品的要求

在电子产品工作的空间,存在着各种因素产生的电磁信号。这些信号绝大多数不是电子产品所要接收的信号,构成了对电子产品的电磁干扰,使产品输出噪声增大,工作稳定性降低,甚至不能工作。造成电磁干扰的主要原因有:周围空间的电磁场,如载流导线周围产生的交变磁场、地球磁场、宇宙射线等;放电过程产生的电磁波;电源干扰,如供电电源的频率、幅度发生变化等;信号线路上的电气噪声干扰,如多束信号所用电线、电缆铺设在一起,产生各种电磁耦合等。另外,在电子产品中还存在内部相互干扰的问题,即高频、高电位元件(器件)对其他内部元器件形成的干扰。为保证电磁产品能够在电磁干扰的环境中正常工作,必须采取各种屏蔽措施,使其在各种干扰存在的情况下,还能有效地工作,提高电子产品的电磁兼容能力。

1.1.3　使用方面对电子产品的要求

电子产品的生产设计是基于使用的,应充分考虑使用方面对产品的要求。

1. 体积重量要求

电子产品正在向小型化发展,体积和重量日益减小,这是电子产品得到广泛应用的原因之一。减小产品体积和重量不但有经济意义,有时甚至起决定作用。例如军用电子产品,减小其体积重量,能够直接改善装备使用的灵活性,同时对减小体力消耗,提高战斗力有重要作用。研究电子产品体积与重量的要求,应考虑产品的用途、运载工具、机械负荷等因素。另外,对于生产批量很大的产品还要特别考虑经济因素。

描述电子产品体积重量的指标主要有两个:平均比重(重量体积比)和体积填充系数。平均比重是指产品的总重量与总体积之比,用 D 表示。产品的平均比重对结构设计有直接影响:当 D 为 $0.5\ \text{kg/cm}^3$ 时,结构设计不会遇到很大困难;当 D 为 $1.5\sim1.7\ \text{kg/cm}^3$ 时,结构设计要精心安排;当 D 为 $2\sim2.2\ \text{kg/cm}^3$ 时,结构设计要应用特殊材料(如高强度轻金属合金)、高稳定性元器件,采用新工艺、新结构;当 D 达到 $2.5\ \text{kg/cm}^3$ 时,结构设计将很困难。体积填充系数是指产品内全部零部件、元器件的总体积与机箱(柜)内部容积的比值,它表示了电子产品的紧凑性,用 K 表示。产品的平均比重增大,体积填充系数也会提高。一般电子产品的体积填充系数约为 $0.1\sim0.25$;结构比较紧凑的电子产品的体积填充系数为 $0.25\sim0.4$;采用灌封电路的产品,体积填充系数可达 0.6。平均比重越高,体积填充系数越大,则产品的紧凑性越好。我们希望电子产品有较高的紧凑性,但较高的紧凑性会产生一系列矛盾。

首先,紧凑性提高,受到温升限制。产品的平均比重增大,则单位体积发热量增加,为保证产品正常工作，就需要采用冷却系统，而冷却系统本身就具有一定的体积和重量，反而提高了产品的总体积和总重量。温升限制是大多数产品（尤其是大功率产品）提高紧凑性时遇到的最大困难。

其次，紧凑性提高，产品稳定度下降。尤其是超高频和高压产品，分布电容广，易产生自激和脉冲波形变坏。另外，元器件之间距离小还容易产生短路和击穿。

再次，紧凑性提高给生产时的装配和使用时的维护修理带来一定困难，降低了产品的可靠性。

最后，紧凑性高的产品，在整机结构方面要求有较高的零件加工精度和装配精度，因而提高了产品成本。

2. 操纵维修要求

电子产品的操纵性能如何，是否便于维护修理，直接影响产品的可靠性。在产品的结构设计中要全面考虑。

（1）产品的操作

产品要操纵简单，控制结构轻便，为操纵者提供良好的工作条件。

（2）产品的安全

产品要安全可靠，有保险装置。当操纵者发生误操作时，不会损坏产品，更不能危及人身安全。

（3）产品的体积填充系数

产品的体积填充系数在可能的情况下应取低一些（最好不超过 0.3），以保证元器件间有足够的空间，便于装拆和维修。

（4）便于维修

有便于维修的结构。如采用插入式或折叠式的结构；快速装拆结构；可换部件式结构；可调元件、测试点布置在产品的同一面的结构等。

（5）过载保护

产品应具有过负荷保护装置（如过电流、过电压保护），危险和高压处应有警告标志和自动安全保护装置（如高压自动断路开关）等，以确保维修安全。

（6）监测装置

产品最好具备监测装置和故障预报装置，能使操纵者尽早发现故障或预测失效元器件，及时更换维修。

1.1.4　电子产品设计制造的主要依据

电子产品设计制造的主要依据是产品的技术条件，即产品的技术性能指标和使用条件。性能指标包括电性能指标和机械性能指标。前者如灵敏度，输出功率，频率的精度、准确度、稳定度等；后者如传动精度、结构强度等。

1. 产品的工作环境条件

主要指环境气候条件，机械作用条件，化学物理条件（如金属的腐蚀、非金属的老化、盐雾侵蚀、生物霉菌等）和电磁污染。

2. 产品的使用要求

主要包括对产品体积、重量、操纵控制和维修的要求。

3. 产品可靠性和寿命的要求

产品的无故障工作时间长，承受环境条件的能力强。

4. 产品制造的工艺性和经济性的要求

应按价值工程原理致力于性能价格比的提高，不要盲目追求高性能、高精度指标。产品制造工艺复杂，会使成本增高。设计制造电子产品的原则是：提高其技术经济指标。因此，产品先进的技术指标和良好的可靠性、工艺性、使用性是达到此设计要求的基本保证。

1.2　电子产品整机制造工艺

1.2.1　整机制造的一般顺序

整机制造的方式有产品一条龙式（即流水线）和专业工艺分成式两种形式，一般大、中型整机生产企业多采用前一种形式，小型生产企业采用后一种生产形式。不论哪种生产形式，整机制造的一般顺序都大致如下。

1. 原材料、元器件的检验（理化分析和例行试验）

为保证产品质量，对原材料、辅助材料和外购元器件都要进行质量检验。如原材料的理化分析、关键（或主要）元器件的例行试验。

2. 主要元器件的老化筛选

为了剔除早期失效的元器件和提高元器件的上机率，对主要元器件（特别是半导体元器件）应进行老化筛选，其主要内容有高低温冲击，高温储存，带电工作等。

3. 零件制造

电子产品整机所用的零件分为通用零件（包括标准零件）和专用零件两种。一般通用零件和标准零件都是外购，专用零件则由本企业自制。民用电子产品的专用零件数量不多，而军用和专用电子产品的专用零件数量较多。因此，整机生产企业都具有一定的机械加工设备和技术力量，特别是模具制造力量。

4. 通用工艺处理

它包括对已经制造好的零件、机箱、机架、机柜、外壳、印制板、旋钮、度盘等进行电镀、油漆、丝网漏印、化学处理、热处理加工，以便提高这些零件的耐腐蚀性，并增强外观的装饰性。

5. 组件装校工艺

一般地，专用组件的装校大多是由专业车间进行，也可由总装车间承担。无论采取哪种方式，其目的是使组件具有完整的独立功能。组件装配完毕之后，须对其进行调整和测试，以求得性能达标。

6. 总装

它包括总装前的预加工（又称装配准备）、总装流水、调试、负荷试验和检验包装。

（1）预加工（即装配准备）

在流水线生产和调试以前，先将各种原材料、元器件进行加工处理的工作，称为预加工（装配准备）。做好预加工能保证流水线各道工序的质量，提高生产效率。因为在集中加工的情况下，产品利用率高，操作比较单一，易于专业化，从而减少人力和工时的消耗，提高加工的效率。此外某些不便在流水线操作的器件，由于事先做了预加工，也可以减少在流水线上安排的困难，所以预加工是产品装配工艺不可缺少的环节。预加工项目的多少，是根据产品的复杂程度和生产效率的要求来确定的。典型的预加工项目应包括导线的剪切、剥头、浸锡，元器件引线的剪切、浸锡、预成形，插头座连接、线扎的制作、标记打印，高频电缆、金属隔离线的加工等。

（2）总装流水

整机总装是在装配车间（亦称总装车间）完成的。总装应包括电气装配和结构安装两大部分，而电子产品则是以电气装配为主导，以印制电路板组件为中心而进行焊接装配的。总装形式可根据产品的性能、用途和总装数量决定。各生产企业所采用的作业形式不尽相同。产品数量较大的常采用流水作业，以取得高效低耗，一致性好的效果。

典型的整机总装工艺过程如图1-1所示。准备工作是为各分机装联，整机的装配、调试等工作做好准备。分机装联与整机装配都采用流水线生产。分机调试工作有流水线调试和分机调试（即一个人调试一台分机）两种。例行试验应根据技术条件的要求进行，每个阶段工作完成之后都应进行检验，以保证该阶段的生产质量。检验合格的分机、整机应有检验记录，以供查考。

流水作业操作是目前电子产品总装的主要形式。由于采用传送板架或传送带顺序移动加工产品，极大地提高了劳动效率。因简化了操作内容，实现了专一化操作，促进了机械化和自动化工艺的发展。而工位固定，工步简化，使工序流畅，操作熟练程度高，差错极少，确保了产品的质量。这种变复杂产品为简易加工的方法，备受欢迎，已得到普遍运用。

另外，采用专业工艺分成式，在总装流水之后还要进行负荷调试和检验包装两个项目。

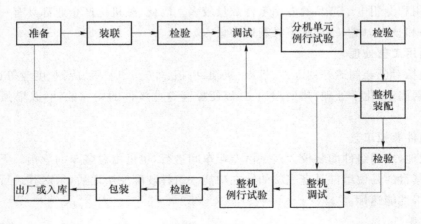

图1-1　典型整机总装工艺过程

（3）负荷调试

一般在产品总装完成后都要进行调试和负荷试验。调试、负荷的时间和方式，根据产品而定。

（4）检验包装

根据技术条件和使用要求，在总装完成后必须进行检验和必要的例行试验，将完全符合标准的产品再包装和入库。

1.2.2　整机制造的主要工作内容

根据生产企业的规模、设备、技术力量等情况，整机制造的工作内容差别很大，可粗略划分如下。

1. 机械加工

例如车、钳、刨、铣、磨、冷作、压塑、热处理等，基本上完成零件的制造。

2. 化学加工

例如电镀、油漆、印刷等，对零件、外壳、铭牌、度盘等进行防腐蚀、保护和表面装饰性加工。

3. 组件装配

将两个或两个以上的零件装配成具有一定功能的组件。如变压器、继电器、回路、接插件的装配。

4. 总装前的加工

为顺利地组织流水生产，将总装时需要加工的部分工作在总装前进行。如元器件的浸锡、引线预成形，导线下料、剥头、浸锡、印字，带支架的电位器与带慢转机构的电容器的加工等。

5. 总装流水作业

这是整机制造的主要工作内容。将分立元器件、组件或已加工过的部件经过总装流水制成具有独立功能的整机。

6. 性能调试

组装好的整机还须经过调试、校正，才能充分发挥整机的独立功能并符合设计技术要求。

7. 检测包装

这是整机制造的最后一道工序。如经过出厂前的检测并满足技术要求，才允许包装入库。

1.2.3　整机制造的工艺种类和规程

1. 工艺种类

对整机制造来讲，工艺种类很多。一般整机生产企业的工艺种类及其简单介绍见表 1-1。

表 1-1 电子整机制造工艺种类

工艺种类	具体工艺	主要功能
机械加工工艺:它是指整机中的机械类工艺	车、钳、刨、铣、镗、磨、插齿冷作、铸造、锻打、冲裁、挤压、引伸、滚齿、压丝	改变材料的几何形状,成为零件
表面加工工艺	刷丝、抛光、印制、油漆、电镀、氧化、铭牌制作等	表面装饰,使产品具有富丽堂皇感,防腐抗蚀
连接工艺	电焊、点焊、锡焊、铆装、螺装、胶合等	将两个或两个以上的零件连接起来,完成产品的装配连接
化学工艺	电镀、浸渍、灌注、三防、油漆、胶木化、助焊剂、防氧化工艺	防腐抗蚀、装饰美观
塑料工艺	压塑、注塑、部分吹塑	完成塑料件的加工
总装工艺	总装配、装联、调试、包装、总装前的预加工、胶合工艺	成为产品
其他工艺	检验工艺、老化筛选、热处理、数控工艺、电火花	

2. 工艺规程

工艺规程是指根据设计图纸、技术文件、产品使用要求和生产量等具体要求,按照生产企业产品情况和工人技术水平,同时吸收不断涌现出的新工艺技术以后,制定出来的技术法规。它全面地、科学地和严格地做出了从原材料加工到变为产品的全过程的各项具体规定。因此,工艺规程的制定是产品制造前的生产技术准备的重要工作。其主要内容有:

(1) 规定合理的工艺顺序,确定零件、部件、整机最经济的加工方法;

(2) 规定各专业工序的内容和规范,以及各工序的技术要求或工艺细则;

(3) 规定或选择工序采用的工具、夹具、模具、产品和测试仪器;

(4) 规定质量检验工序和质量检验方法,选择检验工具和量具;

(5) 规定运输半成品及产品的合理方法,选择合适的容器和运输工具;

(6) 规定各专业工艺的安全技术规范。

工艺规程是硬性规定,从事生产的每个人都必须严格遵守,不得任意改变。即使在某一工艺规程试行中遇到确需更改规程时,也要经过一定的手续认可后,才能审慎修改。

小 结

电子产品在设计制作时要考虑较多因素的影响。在研制完成之后要投入生产,其生产条件,就对它有一定的限制和要求。生产企业的设备情况、技术水平、工艺水平、生产能力、生产周期、生产管理水平等生产条件都对电子产品有一定的要求。产品的使用经济性和生产经济性也对它有要求;产品在使用时所处的恶劣气候条件和复杂的电磁环境会对产品产生一定的影响；在运输、储存中要受到的机械作用，也会加速造成产品的损坏。因此，在设计制造电子产品时，不仅要以产品的技术条件为主要依据，还要充分考虑上述因素的影响，合理地采用先进的工艺手段，力求将破坏应力降到最低限度，以提高产品的可靠性。

思考与复习题

1. 气候条件包含哪些因素？它们对电子产品有何影响？

2. 机械条件包含哪些因素？它们对电子产品有何影响？

3. 在结构设计时，减小产品的体积和重量有何意义？

4. 提高产品的紧凑性会遇到哪些矛盾？

5. 生产条件对电子产品提出哪些要求？

6. 电子产品所处的主要工作环境有哪些？它们如何影响电子产品？应采取什么措施防护？

7. 使用和生产方面对电子产品有什么要求？

8. 电子产品设计制造的依据是什么？

9. 整机制造的一般顺序是什么？

10. 什么是工艺规程？

第 2 章

印制电路板设计与制作

【内容提要】

本章主要介绍印制电路板的组成部分、制作基材以及种类；在用电子绘图软件来画印制板图时，有关元器件布局和布线的原则，印制导线的尺寸和图形，印制电路板的设计方法和步骤；手工制作印制电路板的几种方法和相应的步骤。

【本章重点】

学会使用类似 Protel 的一些电子绘图软件来画印制板图，并掌握相关的知识。

随着电子工业的发展，尤其是各种半导体集成器件的广泛应用，电子器件的安装和接线问题越来越复杂，传统的手工布线工艺已变得无法适应。印制电路的问世，可以说大大地加速了现代电子工艺技术的发展进程。印制电路板组件已成为电子工业的一个极其重要的基本部件。

由于微电子技术的迅速发展和微电子产品的大量应用，对印制电路的技术要求也越来越高，要求最大限度地提高元器件的装配密度。印制电路的设计将走向小尺寸的孔径、线宽、间距和焊盘，力求在有限面积内布设完产品的电子线路，而这一走向又促进了表面组装技术的形成和发展，并引起元器件微型化的重大变革。

印制电路工艺技术总的发展方向是高密度、高精度、高可靠性、大面积和细线条。

2.1　印制电路板概述

印制电路板是由导电的印制电路和绝缘基板构成的。它是由一定厚度的铜箔通过黏接剂热压在一定厚度的绝缘基板上，采用印制法在基板上印制成导电图形，包括印制导线、焊盘及印制碳膜电阻等器件。印制电路板不包括安装在板上的元器件和进一步的加工。安装了元器件或其他部件的印制板部件通常称为印制电路板组件。板上所有安装、焊接、涂敷均已完成，习惯上按其功能或用途称为"××板"、"××卡"，例如计算机主板、声卡等。

印制电路板（Printed Circuit Board，PCB）是电子产品设计的基础，是电子工业重要的电子部件之一。它在电子产品中有如下功能：

（1）提供集成电路等各种元器件固定、装配的机械支撑；

（2）实现集成电路等各种元器件之间的布线和电气连接或电绝缘，提供所要求的电气特性、特性阻抗、电磁屏蔽及电磁兼容性等；

（3）为自动锡焊提供阻焊图形，为元器件插装、检查、维修提供识别字符和图形。

由于 PCB 不断地向提高精度、布线密度和可靠性方向发展，并相应缩小体积、减小重量，因此它在未来电子产品向大规模集成化和微型化的发展中，仍保持强大的生命力。

PCB 的设计是整机工艺设计中的重要一环。设计质量不仅关系到元件在焊接装配、调试中是否方便，而且直接影响整机技术性能。一般地，PCB 的设计不像电路原理设计那样需要严谨的理论和精确的计算，而只需一些基本设计原则和技巧，因此，在设计中具有很大的灵活性和离散性。同一张复杂的电路原理图，不同的设计人员会设计出不同的方案，但是一个好的设计必须在保证电气性能指标的前提下，使布局更合理，由布线引入的电容、电感、电阻最小，更利于散热，并且使布线面积更小。

2.1.1　印制电路板的组成

印制电路板是由导电的印制电路和绝缘基板构成的，而印制电路是印制线路与印制元件的合称。印制线路是将设计人员设计的电路原理图印制在绝缘基板上，包括印制导线和焊盘等；印制元件就是印制在基板上制成的元件，如电感、电容、电阻等。图 2-1 为一个带蓝牙功能的手机板。

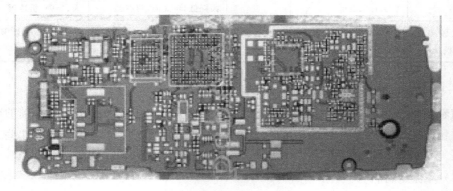

图 2-1　带蓝牙功能的手机板

2.1.2　印制电路板的基材

印制电路板的基材是指板材的树脂及补强材料部分，可作为铜线路与导体的载体及绝缘材料。它是由树脂、玻纤布、玻纤席或白牛皮纸所组成的胶片（Prepreg）作为黏合剂层，即将多张胶片与外敷铜箔先经叠合，再在高温高压中压合而成的复合板材，其正式学名为铜箔基板（Copper Claded Laminates，CCL）。

1. 印制电路板材料分类

印制电路板生产用的材料种类繁多，可按其应用分为主材料与辅材料两大类。主材料是指成为产品一部分的原材料，如敷铜箔层压板、阻焊剂油墨、标记油墨等，也称物化材料。辅助材料是指生产过程中耗用的材料,如光致抗蚀干膜、蚀刻溶液、电镀溶液、化学清洗剂、钻孔垫板等,也称非物化材料。

而 CCL 是制造印制电路板最关键的基础材料,它主要由铜箔、玻纤布及树脂构成,各自担任导电材、补强材及黏合材的角色,构成 PCB 产业整体供应链。以使用量最大的玻纤环氧基板而言,原物料占整体成本 70%~80%,其余则为人工、水电及折旧等;若再进一步细分各原物料成本比重,其中玻纤布约占四成多,铜箔占近三成,树脂亦占近三成。

2. 常用的 CCL 的种类及特性

几种常用的铜箔基板规格、特性见表 2-1。

表 2-1 常用的铜箔基板及其特点

名 称	标称厚度/mm	铜箔厚度/μm	特 点	应 用
酚醛纸铜箔基板	0,1.5,2.0,2.5,3.0, 3.2,6.4	50~70	价格低,阻燃强度低,易吸水,不耐高温	中低档民用品,如收音机、录音机等
环氧纸质铜箔基板	0,1.5,2.0,2.5,3.0, 3.2,6.4	35~70	价格高于酚醛纸板,机械强度、耐高温和潮湿性能较好	工作环境好的仪器、仪表及中档以上民用电器
环氧玻璃布铜箔基板	0.2,0.3,0.5,1.0,1.5, 2.0,2.5,3.0,5.0,6.4	35~50	价格较高,性能优于环氧纸质板且基板透明	工业、军用设备、计算机等高档电器
聚四氟乙烯铜箔基板	0.25,0.3,0.5,0.8, 1.0,1.5,2.0	35~50	价格高,介电常数低,介质损耗低,耐高温,耐腐蚀	微波、高频电器,航空、航天、导弹、雷达等
聚酰亚胺柔性铜箔基板	0.2,0.5,0.8,1.2, 1.6,2.0	35	可绕曲,重量轻	民用及工业计算机、仪器、仪表等

3. PCB 基材的发展

随着电子产品向小型化、轻量化、多功能化与环保型方向发展,作为其基础的印制电路板也相应地朝这些方向发展,而印制电路板用的材料也该理所当然地适应这些方面的需要。

(1) 环保型材料

环保型产品是可持续发展的需要,环保型印制板要求用环保型材料。对于印制板的主材料铜箔基板,按照欧盟 RoHS 法令禁用有毒害的聚溴联苯(PBB)与聚溴联苯醚(PBDE)的规定,这涉及到铜箔基板要取消含溴阻燃剂。目前,国际上先进的国家都已经开始大量采用无卤素铜箔基板,国内也开始向这个方向发展。

环保型产品除了要求不可有毒害外,还要求产品废弃后可回收再利用。因此对印制板基材的绝缘树脂层,将考虑从热固性树脂改变为热塑性树脂,这样便于废旧印制板的回收,即加热后使树脂与铜箔或金件分离,各自可回收再利用。印制板表面的可焊性涂敷材料,传统应用最多的是锡铅合金焊料,按照欧盟 RoHS 法令禁用铅的规定,可采用锡、银或镍/金镀层来替代。国外的电镀化品公司已在前几年就研发、推出化学镀镍/浸金、化学镀锡、化学镀银药品,国内的同类型供应商也在积极准备向这类产品进军。

（2）清洁生产材料

清洁生产是实现环境保护可持续发展的重要手段，达到清洁生产需要辅之清洁生产材料。传统的印制板生产方法是铜箔蚀刻形成图形的减去法，这要耗用化学腐蚀溶液，还要产生大量废水。国内外一直在研制并已有应用无铜箔催化型层压板材料，采用直接化学沉铜形成线路图形的加成法工艺，这可省去化学腐蚀，并减少废水，有利于清洁生产。

更加清洁的无须化学药水与水清洗的喷墨印制导线图形技术，是种干法生产工艺。该技术的关键是喷墨印刷机与导电膏材料，现在国外开发成功了纳米级的导电膏材料，使得喷墨印制技术进入实际应用阶段。这是印制板迈向清洁生产的革命性变化。国内也有部分符合印制板跨线与贯通孔使用的微米级导电膏材料。

在清洁生产中还期待着无氰电镀金工艺材料，不用有害的甲醛作还原剂的化学沉铜工艺材料等，有必要加快研制并应用于印制板生产。

（3）高性能材料

电子产品向数字化发展，对配套的印制板性能也有更高要求。目前已经面临的有低介电常数、低吸湿性、耐高温、高尺寸稳定性等要求，达到这些要求的关键是使用高性能的铜箔基板材料。此外，为了实现印制板轻薄化、高密度化，需用薄纤维布、薄铜箔的铜箔基板材料。

突出挠性印制板轻、薄、柔特性的关键是挠性敷铜箔板材料，许多数字化电子产品需要应用高性能挠性敷铜箔板材料。目前提高挠性敷铜箔板性能的方向是无黏接剂挠性敷铜箔板材料。

IC 封装载板已是印制板的一个分支，现在以 BGA、CSP 为代表的新型 IC 封装被大量应用。IC 封装载板使用的是高频性能好、耐热性与尺寸稳定性高的薄型有机基板材料。高性能材料在国外已推出应用，并在进一步改进提高并有新材料产生，相比之下国内同行在许多高性能材料方面还有所欠缺。

为使中国成为印制电路产业的大国与强国，迫切需要有中国自己生产的高性能印制板用材料。

2.1.3 印制电路板的种类

实际电子产品中使用的印制板千差万别，简单的印制板只有几个焊点或导线，一般电子产品中焊点数为数十个到数百个，焊点数超过 600 的属于复杂印制板。根据不同的标准印制电路板有不同的分类。

1. 按印制电路的分布分类

按印制电路的分布可将印制电路板分为单面板、双面板、多层板 3 种。

（1）单面板

单面板是在厚度为 0.2～5 mm 的绝缘基板上，只有一个表面敷有铜箔，通过印制和腐蚀的方法在基板上形成印制电路。单面板制造简单，装配方便，适用于一般电路要求，如收音机、电视机等；不适用于要求高组装密度或复杂电路的场合。

（2）双面板

双面板是在厚度为 0.2～5 mm 的绝缘基板两面均印制电路。它适用于一般要求的电子产品,如电子计算机、电子仪器和仪表等。由于双面板印制电路的布线密度较单面板高,所以能减小设备的体积。

（3）多层板

在绝缘基板上印制 3 层以上印制电路的印制板称为多层板。它是由几层较薄的单面板或双面板黏和而成,其厚度一般为 1.2～2.5 mm。为了把夹在绝缘基板中间的电路引出,多层板上安装元件的孔需要金属化,即在小孔内表面涂敷金属层,使之与夹在绝缘基板中间的印制电路接通。图 2-2 是多层板结构示意图,多层板所用的元件多为贴片式元件,其特点是:

- 与集成电路配合使用,可使整机小型化,减少整机重量;
- 提高了布线密度,缩小了元器件的间距,缩短了信号的传输路径;
- 减少了元器件焊接点,降低了故障率;
- 增设了屏蔽层,电路的信号失真减少;
- 引入了接地散热层,可减少局部过热现象,提高整机工作的可靠性。

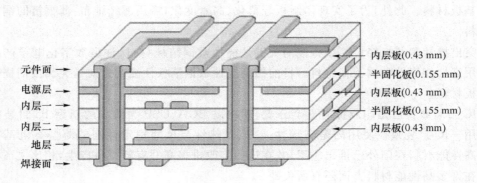

图 2-2　多层板结构示意图

2. 按基材的性质分类

按基材的性质可将印制电路板分为刚性和柔性两种。

（1）刚性印制板

刚性印制板具有一定的机械强度,用它装成的部件具有一定的抗弯能力,在使用时处于平展状态。一般电子产品中使用的都是刚性印制板。

（2）柔性印制板

柔性印制板是以软层状塑料或其他软质绝缘材料为基材而制成。它所制成的部件可以弯曲和伸缩,在使用时可根据安装要求将其弯曲。柔性印制板一般用于特殊场合,如某些数字万用表的显示屏是可以旋转的,其内部往往采用柔性印制板;手机的显示屏、按键等。图 2-3 为手机柔性印制板,它的基材采用聚酰亚胺,并且对表面进行了防氧化处理,最小线宽线距设为 0.1 mm。柔性印制板的突出特点是能弯曲、卷曲、折叠,能连接刚性印制板及活动部件,从而能立体布线,实现三维空间互连,它的体积小、重量轻、装配方便,适用于空间小、组装密度高的电子产品。

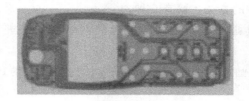

图 2-3　手机柔性印制板

3. 按适用范围分类

按适用范围可将印制电路板分为低频和高频印制电路板两种。

电子设备高频化是发展趋势,尤其在无线网络、卫星通信日益发展的今天,信息产品走向高速与高频化,及通信产品走向容量大速度快的无线传输之语音、视像和数据规范化。因此发展的新一代产品都需要高频印制板,其敷箔基材可由聚四氟乙烯、聚乙烯、聚苯乙烯、聚四氟乙烯玻璃布等介质损耗及介电常数小的材料构成。

4. 特殊印制板的种类

目前,也出现了金属芯印制板、表面安装印制板、碳膜印制板等一些特殊印制板。

(1)金属芯印制板

金属芯印制板就是以一块厚度相当的金属板代替环氧玻璃布板,经过特殊处理后,使金属板两面的导体电路相互连通,而和金属部分高度绝缘。金属芯印制板的优点是散热性及尺寸稳定性好,这是因为铝、铁等磁性材料有屏蔽作用,可以防止互相干扰。

(2)表面安装印制板

表面安装印制板是为了满足电子产品"轻、薄、短、小"的需要,配合管脚密度高、成本低的表面贴装器件的安装工艺(SMT)而开发的印制板。该印制板有孔径小、线宽及间距小、精度高、基板要求高等特点。

(3)碳膜印制板

碳膜印制板是在镀铜箔板上制成导体图形后,再印制一层碳膜形成触点或跨接线(电阻值符合规定要求)的印制板。其特点是生产工艺简单、成本低、周期短,具有良好的耐磨性、导电性,能使单面板实现高密度化,产品小型化、轻量化,适用于电视机、电话机、录像机及电子琴等产品。

2.2　印制电路板的设计

印制电路板的设计是根据设计人员的意图,将电路原理图转换成印制板图,确定加工技术要求的过程。现在流行使用类似如 Protel 的一些电子绘图软件来画印制板图。下面对 Protel 做简要的介绍。

Protel 是一款用于设计电路的软件,它能实现的功能主要有以下几点。

（1）画出相对比较工整漂亮的原理图。

（2）生成可以用于企业生产的 PCB 制板文件。

得到 PCB 制板文件的方法主要有 3 种。

第 1 种方法是通过画原理图时同时产生的网络表文件进行自动布线，产生 PCB 文件。

第 2 种方法是通过画原理图时同时产生的网络表文件，在 Peotelpcb 利用预拉线手工布线。

第 3 种是效率比较低的方法，即纯手工布线。

（3）杂类功能。

生成元件清单，生成数控钻床用的钻孔定位文件，生成阻焊层文件，生成印刷字符层文件等。此外，它内部还整合了硬件仿真的功能。

总之，Protel 是一个效率很高的软件，常见的版本较多。如最早期的 DOS 版，以及运行于 Windows 下的多个版本，其中 Protel99SE 是改进稳定版，因为它强大的功能以及和其他底片软件良好的兼容性，是现在最流行的，也是专业电路板制板厂家现在正在使用的。再就是 Protel DXP 2004sp2，它是 Altium 公司在 2004 年发布的完整的板级设计系统，其界面友好，能更快地完成较为复杂的电路设计，且完全向下兼容，它不仅提供了部分电路的混合模拟仿真，而且提供了 PCB 和原理图上的信号完整性分析。

虽然 Protel 版本众多，但是精髓都是一个，那就是从原理图到仿真，再到自动布线，产生 PCB 印制板文件一条龙，极大地提高工作效率。低版本的适合硬件配置不是很高的机器，比如 Protel1.0 可以在 486 上运行，Protel3.0 在 586 上可以顺畅运行，以此类推。

需要注意的是：版本越高，功能越强大，PCB 布线的软件引擎就越高效，同时能提供的功能也越完备，提供的零件库和零件封装也越丰富，而且可以向下兼容。

印制电路板是所有精密电路设计中往往容易忽略的一种部件。如果印制电路板设计得当，它将具有减少干扰和提高抗干扰度的优点。如果印制电路板设计不当，将使载有小功率、高精确度、快速逻辑或连接到高阻抗终端的一些导线受到寄生阻抗或介质吸收的影响，致使印制电路板发生电磁兼容性问题。

2.2.1　印制电路板上的元器件布局和布线原则

1. 印制电路板上的元器件布局

首先，要考虑 PCB 尺寸大小。PCB 尺寸过大时，印制线路长，阻抗增加，抗噪声能力下降，成本也增加；过小，则散热不好，且临近线条易受干扰。在确定 PCB 尺寸后，再确定特殊元件的位置。最后，根据电路的功能单元，对电路的全部元件进行布局。

（1）确定特殊元件的位置

① 尽可能缩短高频元件直接的连线，设法减少它们的分布参数和相互间的电磁干扰。易受干扰的元件不能相互离得太近，输入和输出元件应尽量远离。

② 某些元件或导线之间可能有较高的电位差，应加大它们之间的距离，以免放电引

起意外短路。带强电的元件应尽量布置在调试时手不易触及的地方。

③ 质量超过 15 g 的元件,应当用支架加以固定,然后焊接。那些又大又重、发热量多的元件,不宜装在印制板上,而应装在整机的机箱底板上,且考虑散热问题。热敏元件应远离发热元件。

④ 对于电位器、可调电感线圈、可变电容器及微动开头等可调元件的布局要考虑整机的结构要求。若是机内调节,应放在印制板上便于调节的地方;若是机外调节,其位置要与调节旋钮在机箱面板上的位置相适应。

⑤ 应留出印制板的定位孔和固定支架所占用的位置。

（2）根据电路的功能单元对电路的全部元件进行布局

① 按照电路的流程,安排各个功能电路单元的位置,使布局便于信号流通,并使信号尽可能地保持一致的方向。

② 以每个功能电路的核心元件为中心,围绕它来进行布局。元件应均匀、整齐、紧凑地排列在 PCB 上,尽量减少和缩短各元件之间的引线和连接。

③ 在高频条件下工作的电路,要考虑元件之间的分布参数。一般电路应尽可能使元件平行排列。这样,不但美观,而且焊接容易,易于批量生产。

④ 位于电路板边缘的元件,离电路板边缘一般不小于 2 mm。电路板的最佳形状为矩形,长宽比为 3∶2 或 4∶3。电路板面尺寸大于 200 mm×150 mm 时,应考虑电路板所受的机械强度。

2. 印制电路板布线的一般原则

（1）电路中的电流环路应保持最小。

（2）使用较大的地平面以减小地线阻抗。

（3）电源线和地线应相互接近。

（4）在多层电路板中,应把电源面和地平面分开。

（5）在先进的工程设计中,优化印制电路板的最好方法是使用镜像平面。通过镜像平面能够消除由电源或地平面产生的干扰而对电子电路所造成的影响。

总之,应使板上各部分电路之间不发生干扰,能正常工作;对外辐射发射和传导发射应尽可能低;应使外来干扰对板上电路不发生影响。

2.2.2　印制导线的尺寸和图形

设计印制电路板时,当元件布局和布线初步确定后,就要具体地设计与绘制板图形。这时必然会遇到印制导线宽度、导线间距等设计尺寸的确定以及图形的格式等问题,设计尺寸和图形格式不能随便选择,它关系到印制板的总尺寸和电路性能。

1. 印制导线的宽度

一般情况下,建议导线宽度优先采用 0.5 mm、1.0 mm、1.5 mm 和 2.0 mm。

印制导线具有一定的电阻,通过电流时将产生热量和电压降。通过导线的电流越大,温度越高。导线如长期受热后,铜箔会因粘贴强度降低而脱落。因此,要控制工作温度就要控制导线的电流。一般可采用导线的最大电流密度不超过 20 A/mm^2。

表 2-2 列出了当铜箔厚度为 $50\,\mu m$ 时，不同宽度的导线允许通过的最大电流。

表 2-2　当铜箔厚度为 $50\,\mu m$ 时，不同宽度的导线允许通过的最大电流

导线宽度/mm	0.5	1.0	1.5	2.0
允许载流量/A	0.8	1.0	1.3	1.9
电阻/$\Omega\cdot m^{-1}$	0.7	0.41	0.31	0.29

2．印制导线的间距

一般情况下，建议导线间距等于导线宽度，最小导线间距应不小于 $0.4\,mm$。导线间距与焊接工艺有关，采用浸焊或波峰焊时，间距要大些，手工焊间距可小些。

在高压电路中，相邻导线间存在着高电位梯度，必须考虑导线间距离对抗电强度的影响。印制导线间的击穿将导致基板表面炭化、腐蚀和破裂。在高频电路中，导线间距将影响分布电容的大小，从而影响着电路的损耗和稳定性。因此导线间距的选择应根据基板材料、工作环境和分布电容大小等因素来确定。

最小导线间距还同印制板的加工方法有关，选用时应综合考虑。表 2-3 列出了常用的各种加工方法所允许的最小导线宽度和间距。

表 2-3　各种加工方法所允许的最小导线宽度和间距

加工方法	最小导线宽度/mm	最小导线间距/mm
直接电镀——蚀刻法	0.25	0.25
直接感光法	0.8	0.8
丝网法	1.0	1.0
贴膜法、手工描板法	1.2	1.2

3．印制导线的图形

印制电路板图形接点的形状可分为 3 种：岛形接点、圆形接点与方形接点，如图 2-4 所示。

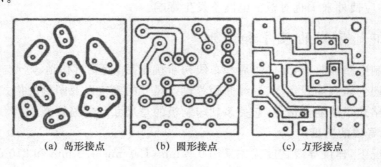

(a) 岛形接点　　　　(b) 圆形接点　　　　(c) 方形接点

图 2-4　印制导线的图形

（1）岛形接点

具有岛形接点的印制线路板，多应用在高频电路中。它可以减少接点和印制导线的

电感,增大地线的屏蔽面积,以减少接点间的寄生耦合。

（2）圆形接点

具有圆形接点的印制电路多用于低频及一般电路中。它由圆形焊盘及导线组成,在焊接时可以不用助焊剂,仍使焊点焊得很圆,导线走向直观、明确。

（3）方形接点

具有方形接点的印制电路多应用于低频电路。它的焊点与导线区别不明显,由于不需画图,因此绘制比较方便,适用于手工描板或刀刻,加工精度要求低。由于铜箔面积大,故不易剥落,但焊接时应用助焊剂,这种接点应用较少。

由于印制板的铜箔黏结强度有限,印制导线的图形如果设计不当,往往会造成翘起和剥脱,所以在设计印制导线的图形时,应遵循以下原则:

（1）同一印制板上的导线宽度（除地线外）最好一样;

（2）印制导线应走向平直,不应有急剧的弯曲或出现尖角,一般采用 45°或 135°的角度,如图 2-5 所示;

（3）印制导线应尽可能避免有分支,如图 2-6 所示;

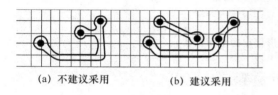

（a）不建议采用	（b）建议采用	（a）建议采用	（b）不建议采用

图 2-5　不应有急剧的弯曲和出现尖角　　　图 2-6　印制导线避免有分支

（4）如果印制板面需要有大面积的铜箔,例如电路中的接地部分,则整个区域应按空域栅状,栅栏宽应和导线一样,走向也应符合导线的一般趋向,如图 2-7 所示。

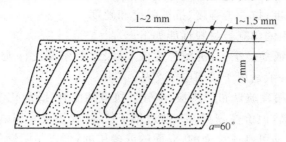

图 2-7　大面积的铜箔应按空域栅状

这样在浸焊时能迅速加热,并保证涂锡均匀。此外还能防止板受热变形,防止铜箔翘起和剥脱。

当导线宽度超过 3 mm 时,最好在导线中间开槽成两根并联线。

4. 印制接点的形状尺寸

印制接点是指印制在榫接孔周围的金属部分,供元件引线和跨接线焊接用。接点的尺寸取决于榫接孔的尺寸。榫接孔是指固定元件引线或跨接接线面贯穿基板的孔,显然,榫接孔的直径应稍大于元件的引线直径。榫接孔径的大小与工艺有关,当榫接孔径大于或等于印制板厚度时,可用冲孔;当榫接孔径小于印制板厚度时,可用钻孔。焊盘直径应大于榫接孔。

圆形及岛形接点的常用形状如图 2-8 所示。

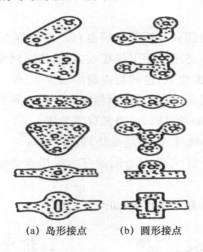

(a) 岛形接点　　　(b) 圆形接点

图 2-8　圆形及岛形接点的常用形状

2.2.3　印制电路板的设计方法和步骤

1. 印制板材料的选择

印制板的材料选择必须首先考虑到电气和机械特性,当然还要考虑到购买的相对价格和制造的相对成本,从而选择印制板的基材。电气特性是指基材的绝缘电阻、抗电弧性、印制导线电阻、击穿强度、介电常数及电容等。机械特性是指基材的吸水性、热膨胀系数、耐热性、抗绕曲强度、抗冲击强度、抗剪强度和硬度。

目前,我国所采用的印制板材料性能如下。

(1) 敷铜箔酚醛纸基层压板:机械强度低,易吸水及耐高温性能较差,表面绝缘电阻较低,但价格便宜。一般适用于民用电子产品。

(2) 敷铜箔环氧酚醛玻璃布层压板:电气及机械性能好,既耐化学溶剂,又耐高温、耐潮湿,表面绝缘电阻高,但价格较贵。一般适用于仪器、仪表及军用电子产品振动。

以上两种印制板均可制成单面的、双面的或多层的;可以是阻燃的或是可燃的。可根据电路的要求选用。

2. 印制板厚度的确定

从结构的角度确定印制板的厚度,主要是考虑印制板对其上装有的所有元器件重量的承受能力及使用中承受的机械负荷能力。如果只装配集成电路、小功率晶体管、电阻和电容等小功率元器件,在没有较强的负荷条件下,可使用厚度为 1.5 mm(或 1.6 mm),尺寸在 500 mm×500 mm 之内的印制板。如果板面较大或无法支撑时,应选择 2～2.5 mm 厚的印制板。

印制板板厚已标准化,其尺寸为 1.0 mm、1.5 mm、2.0 mm 和 2.5 mm 几种,常用的是 1.5 mm 和 2.0 mm。

对于尺寸很小的印制板(如计算机、电子表和便携式仪表中用的印制板),为了减小重量、降低成本,可选用更薄一些的印制板来制造。

3. 印制板形状和尺寸的确定

印制板的结构尺寸与印制板的制造、装配有密切关系。应从装联工艺角度考虑两个方面的问题:一方面是便于自动化组装,使设备的性能得到充分利用,能使用通用化、标准化的工具和夹具;另一方面是便于将印制板组装成不同规格的产品,安装方便,固定可靠。

印制板的外形应尽量简单,一般为长方形,尽量避免采用异形板。其尺寸应尽量依照标准系列的尺寸,以便简化工艺,降低加工成本。

4. 印制电路板坐标尺寸图的设计

用印有坐标格(格子面积为 1 mm^2)的图纸绘制电路板坐标尺寸图,借助于坐标格正确地表达印制板上印制图形的坐标位置。在设计和绘制坐标尺寸图时,应根据电路图并考虑元器件布局和布线要求,如哪些元器件在板内,有哪些要加固,要散热,要屏蔽;哪些元器件在板外,需要多少板外连线,引出端的位置如何等,必要时还应画出板外元器件接线图。

(1) 典型元器件的尺寸

典型元器件是全部安装元器件中在几何尺寸上具有代表性的元件,它是布置元器件时的基本单元。先估计典型元器件的尺寸,再估计一下其他大元件尺寸相当于典型元件的倍数(即一个大元件在几何尺寸上相当于几个典型元件),这样就可以算出整个印制板面需要多大尺寸,或者在规定的板面尺寸上,一个元件能占多少面积。

(2) 元件安装孔的位置

在布置元件安装孔的位置时,各元件的安装孔的圆心必须在坐标格交点上;如安装孔成圆弧形(或圆周)布置,则圆弧(或圆周)的中心必须在坐标格交点上,并且圆弧(或圆周)上必须有一个安装孔的圆心在坐标格交点上。

5. 根据原理图绘制排版连线图

排版连线图是用简单线条表示印制导线的走向和元器件的连接,在排版连线图中应尽量避免导线的交叉,但可以在元件处交叉。在印制电路板几何尺寸已确定的情况下,从排版连线图中可以看出元件的基本位置。当然,当电路比较简单时,也可以不画排版连线图,而直接画排版设计草图。

排版设计草图一般应用方格纸绘制,所用比例一般选用 2:1 或 4:1。首先,根据已给的印制板尺寸及各安装孔尺寸,画出印制板的外轮廓。然后查元器件手册(或测量实物),确定有关元件的尺寸及跨距。在具体绘制时,可将各元器件剪成纸型,既可在方格纸上放置以确定其位置,也可应用绘图模板来绘制。再根据排版连线图上元器件大体位置及其连线方向,精确布置元器件及样孔的位置(最好在坐标格的交点上),并用单线画出印制导线的走向。图 2-9(a)是绘出的排版设计草图,图 2-9(b)是根据样接孔及印制导线的走向画出的印制导线图。

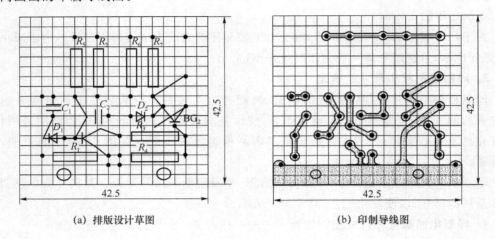

(a) 排版设计草图　　　　　　　　　(b) 印制导线图

图 2-9　排版设计草图和印制导线图

2.3　印制电路板的手工制作

2.3.1　手工制作方法

在产品研制、科技及创作以及学校的教学实训等活动中,往往需要制作少量印制板,进行产品性能分析试验或制作样机,为了赶时间和经济性常需要自制印制板。以下介绍几种简单易行的手工制作印制板的方法。

1. 描图蚀刻法

这是常用的一种制板方法,由于最初使用调和漆作为描绘图形的材料,所以也称漆图法,其制作过程如图 2-10 所示。

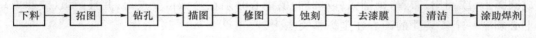

图 2-10　描图蚀刻法制作过程

具体步骤如下:

(1) 下料

下料按实际设计尺寸裁剪铜箔基板(剪床、锯割均可),去四周毛刺。

(2) 拓图

用复写纸将已设计的印制板布线草图拓在铜箔基板的铜箔面上。印制导线用单线,焊盘以小圆点表示。拓制双面板时,板与草图应有 3 个不在一条直线上的点定位。

(3) 钻孔

拓图后检查焊盘与导线是否有遗漏,然后在板上打样、冲眼、定位、打焊盘孔。打孔时注意钻床转速应取高速,钻头应刃磨锋利;进刀不宜过快,以免将铜箔挤出毛刺;并注意保持导线图形清晰。清除孔的毛刺时不要用砂纸。

（4）描图

用稀稠适宜的调和漆将图形及焊盘描好。描图时应先描焊盘，方法可用适当的硬导线蘸漆点漆料，漆料要蘸得适中，描线用的漆稍稠，点时注意与孔同心，大小尽量均匀。焊盘描完后可描印制导线图形。工具可用鸭嘴笔与直尺。注意直尺不要与板接触，可将两端垫高，以免将未干的图形蹭坏。

（5）修图

描好的图在漆未干（不沾手）时及时进行修图，可使用直尺和小刀，沿导线边缘修整，同时修补断线或缺损图形，以保证图形质量。

（6）蚀刻

蚀刻液一般使用三氯化铁水溶液，浓度在 28%～42%，将描修好的板子完全浸没到溶液中，蚀刻印制图形。为加速蚀刻可轻轻搅动溶液，亦可用毛笔刷扫板面，但不可用力过猛，以防漆膜脱落，低温季节可适当加热溶液，但温度不要超过 50℃。蚀刻完成后将板子取出，用清水冲洗。

（7）去漆膜

用热水浸泡后即可将漆膜剥掉，未擦净处可用稀料清洗。

（8）清洁

漆膜去净后，用碎布蘸去污粉反复在板面上擦拭，去掉铜箔氧化膜，露出铜的光亮本色。为使板面美观，擦拭时应固定顺着某一方向，这样可使反光方向一致，看起来更加美观。擦后，用水冲洗、晾干。

（9）涂助焊剂

冲洗晾干后应立即涂助焊剂（可用已配好的松香酒精溶液）。涂助焊剂后便可使板面得到保护，提高可焊性。

注意：此方法描图不一定用漆，各种抗三氯化铁蚀刻的材料均可用，如虫胶酒精液、松香酒精溶液、蜡、指甲油等。其中松香酒精液因为本身就是助焊剂，故可省略步骤（7）和（9），即蚀刻后不用去膜即可焊接。用无色溶液描图时可加少量甲基紫，使描图便于观察和修改。

2. 贴图蚀刻法

贴图蚀刻法是利用不干膜条（带）直接在铜箔上贴出导电图形以代替描图，其余步骤同描图法。由于胶带边缘整齐，焊盘亦可用工具冲击，故贴成的图质量较高，蚀刻后揭去胶带即可使用，也很方便。

贴图法可有以下两种方式。

（1）预制胶条图形贴制

按设计导线宽度将胶带切成合适宽度，按设计图形贴到铜箔基板上。有些电子器材商店有各种不同宽度的贴图胶带，也有将各种常用印制图形（如 IC、印制板插头等）制成专门的薄膜，使用更为方便。无论采用何种胶条，都要注意贴粘牢固，特别边缘一定要按压紧贴，否则腐蚀溶液浸入将会使图形受损。

（2）贴图刀刻法

这种方法是图形简单时，用整块胶带将铜箔全部贴上，然后用刀刻法去除不需要的部分。此法适用于保留铜箔面积较大的图形。

3. 雕刻法

上面所述贴图刀刻法亦可直接雕刻铜箔,不用蚀刻而直接制成板。图 2-11 为用刻刀和直尺配合刻制图形的示意图,用刀将铜箔划透,用镊子或钳子撕去不需要的铜箔。也可用微型砂轮直接在铜箔上磨削出所需图形,与刀刻法同理,不再详述。

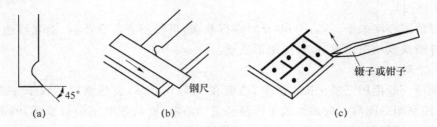

图 2-11　用刻刀和直尺配合刻制图形

2.3.2　制作工艺流程

电子工业特别是微电子技术的飞速发展,使集成电路的应用日益广泛,随之而来,对印制板的制造工艺和精度也不断提出新的要求。不同条件、不同规模的制造企业所采用的工艺不尽相同。当前使用最广泛的是铜箔蚀刻法,即将设计好的图形通过图形转移在铜箔基板上形成防蚀图形,然后用化学蚀刻除去不需要的铜箔,从而获得导电图形。

1. 印制板生产工艺流程

实际生产中,制造印制板要经过几十个工序。图 2-12 是典型的双面板制造工艺流程简图。

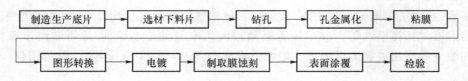

图 2-12　典型双面板制造工艺流程图

印制板制造过程中,孔金属化和图形电镀蚀刻是关键步骤。

2. 印制板典型工艺技术简介

(1) 金属化孔

金属化孔是连接多层或双面板两面导电图形的可靠方法,是印制板制造的关键技术之一。金属化孔是通过将铜沉积在孔壁上实现的。实际生产中要经过钻孔、去油、粗化、浸清洗液、孔壁活化、化学沉铜、电镀铜加厚等一系列工艺过程才能完成。

金属化孔要求金属均匀、完整,与铜箔连接可靠,电性能和机械性能符合标准。在表面安装高密度板中,这种金属化孔采用盲孔方法(即沉铜充满整个孔)以减小过孔所占面积。

(2) 金属涂敷

印制板涂敷层的作用是保护铜箔,增加可焊性、抗腐蚀和抗氧化性。常用的涂敷层有金、银和铅锡合金。金镀层仅用于插头(俗称金手指)和某些特殊部位。银镀层用于高频电路降低表面阻抗,一般电路板基本不用。铅锡合金涂敷层防护性及可焊性良好、成本低,目前应用最广泛。

(3) 热熔铅锡

印制板电镀铅锡后,镀层和铜箔结合并不牢固,同时镀层中还有有机杂质及镀层缺陷。经过热熔后使铅锡合金和铜之间形成牢固结合并消除各种镀层缺陷,因此它是目前较先进的工艺之一。

热熔的主要过程是:通过甘油浴或红外线,使铅锡合金在 $190\sim220℃$ 温度下熔化,充分浸润铜箔而形成牢固结合层后再冷却。

(4) 热风整平

热风整平是取代电镀铅锡合金和热熔工艺的一种生产工艺,它使浸涂铅锡焊料的印制板从两个风刀之间通过,风刀中热压缩空气使铅锡合金熔化并将板面上多余的金属吹掉,获得光亮、平整、均匀的铅锡合金层。

(5) 丝网漏印(简称丝印)

这是一种古老的印制工艺,因其操作简单、效率高、成本低,并且具有一定精确性而在印制板制造中广泛使用。

丝印通过手动、半自动、自动丝印机实现,在丝网(真丝、涤纶丝等)上通过贴感光膜(制膜、曝光、显影、去膜)等感光化学处理,将图形移到丝网上,再通过刮板将印料漏印制板上。

蚀刻制板的防蚀材料、阻焊图形、字符标记图形等均可通过丝印方法印制。

3. 印制板检验

印制板制成后必须通过必要的检验,才能进入装配工序。尤其是批量生产中对印制板进行检验是产品质量和后面工序顺利进行的重要保证。

(1) 目视检验

目视检验简单易行,借助简单工具,例如直尺、卡尺、放大镜等,对要求不高的印制板可进行质量把关。主要检验内容如下:

- 外形尺寸与厚度是否在要求的范围内,特别是与插座配合的尺寸;
- 导电图形的完整和清晰,有无短路、断路、毛刺等;
- 表面质量,有无凹痕、划伤、针孔及表面粗糙等;
- 焊盘孔及其他孔的位置和孔径,有无遗漏或打偏;
- 焊层质量,红层平整光亮,无凸起缺损;
- 涂层质量,阻焊剂均匀牢固,位置难确定;
- 板面平直无明显翘曲;
- 字符标记清晰、干净、无渗透、无划伤。

(2) 连通性检查

使用万用表对导电图形连通性能进行检测,重点是双面板的金属化孔和多层板的连通性能。批量生产中应配专门设备和仪器。

（3）绝缘性能

检测同一层不同导线之间或不同导线之间的绝缘电阻以确认印制板的绝缘性能。检测时应在一定温度和湿度下按印制板标准进行。

（4）可焊性

检验焊料对导电图形的浸润性能。

（5）镀层附着力

检验镀层附着力可采用胶带试验法。将质量好的透明胶带粘到要测试的镀层上，按压均匀后快速掀起胶带一端并扯下，镀层无脱落为合格。

此外还有抗剥强度、镀层成分、金属化孔抗拉强度等多项指标，根据印制板的要求选择检测内容。

小　结

印制电路大大地加速了现代电子工艺技术的发展进程，已成为电子工业的一个极其重要的基本部件，它是印制线路与印制元件的合称。印制电路板是由导电的印制电路和绝缘基板构成的，它的种类也较多。

印制电路板的设计，是将电路原理图转换成印制板图，确定加工技术要求的过程。现在流行使用类似 Protel 的一些电子绘图软件来画印制板图，制图时，要掌握方法，按步骤进行，遵循布线规则，合理使用导线的尺寸和图形，安排好元器件的位置。

手工制作印制电路板的方法主要有：描图蚀刻法、贴图蚀刻法、雕刻法。当前使用最广泛的是铜箔蚀刻法，即将设计好的图形通过图形转移在铜箔基板上形成防蚀图形，然后用化学蚀刻除去不需要的铜箔，从而获得导电图形。

思考与复习题

1. 什么叫印制电路板？它有什么作用和优点？
2. 印制电路板的元器件应如何布局？
3. 在印制板设计时，如何选择印制板的材料？
4. 总结印制板设计过程与方法。
5. 印制板制造过程中有哪些基本环节？
6. 总结手工制作印制板的主要步骤及实施方法种类。

第 3 章

焊 接 工 艺

【内容提要】

本章主要介绍焊接的相关基础知识；如何选择好恰当的焊料和助焊剂；使用电烙铁手工焊接的具体方法和要点；焊接后的质量检验方法；自动焊接的工艺过程。

【本章重点】

1. 使用电烙铁手工焊接的具体方法和要点，以及如何选择好恰当的焊料和助焊剂。
2. 焊接后的质量检验方法，避免出现虚焊。

3.1 焊接的基础知识

3.1.1 焊接的概念

焊接是通过加热、加压，或两者并用，使两工件产生原子间结合的加工工艺和联接方式。焊接应用广泛，既可用于金属，也可用于非金属，它是把各种各样的金属零件按设计要求组装起来的重要连接方法之一。焊接具有节省金属、减轻结构重量、生产效率高、接头机械性能和紧密性好等特点，因而得到了十分广泛的应用。

3.1.2 焊接方法的分类

在生产中，使用较多的焊接方法主要有熔焊、电阻焊和钎焊 3 类。

1. 熔焊

熔焊，又叫熔化焊，是一种最常见的焊接方法。它是利用高温热源将需要连接处的金属局部加热到熔化状态，使它们的原子充分扩散，冷却凝固后连接成一个整体的方法。

熔焊可以分为：电弧焊、电渣焊、气焊、电子束焊、激光焊等。最常见的电弧焊又可以进一步分为：手工电弧焊（焊条电弧焊）、气体保护焊、埋弧焊、等离子焊等。

2. 电阻焊

电阻焊是将焊件压紧于两电极之间，并通以电流，利用电流流经焊件接触面及其邻近区域所产生的电阻热将其加热到熔化或塑性状态，使之形成金属结合的一种工艺方法。

电阻焊的种类很多，常用的有点焊、缝焊和对焊 3 种。

点焊是将焊件装配成搭接接头,并压紧在两电极之间,利用电阻热熔化母材金属,形成焊点的电阻焊方法。点焊主要用于薄板焊接。

缝焊是将焊件装配成搭接或对接接头,并置于两滚轮电极之间,滚轮加压焊件并转动,连续或断续送电,形成一条连续焊缝的电阻焊方法。缝焊主要用于焊接焊缝较为规则,要求密封的结构,板厚一般在 3 mm 以下。

对焊是使焊件沿整个接触面焊合的电阻焊方法。

3. 钎焊

如果在焊接的过程中需要熔入第 3 种物质,则称之为“钎焊”,所加熔上去的第 3 种物质称为“焊料”。用比母材熔点低的金属材料作为钎料,用液态钎料润湿母材和填充工件接口间隙,并使其与母材相互扩散的焊接方法。钎焊变形小,接头光滑美观,适合于焊接精密、复杂和由不同材料组成的构件,如蜂窝结构板、透平叶片、硬质合金刀具和印制电路板等。钎焊前对工件必须进行细致加工和严格清洗,除去油污和过厚的氧化膜,保证接口装配间隙。间隙一般要求在 0.01~0.1 mm。

根据焊接温度的不同,钎焊可以分为两大类。通常以 450 ℃ 为界,焊接加热温度低于 450 ℃ 称为软钎焊,高于 450 ℃ 称为硬钎焊。

钎焊常用的工艺方法较多,主要是按使用的设备和工作原理区分的。如按热源区分则有红外、电子束、激光、等离子、辉光放电钎焊等;按工作过程分有接触反应钎焊和扩散钎焊等。接触反应钎焊是利用钎料与母材反应生成液填充接头间隙。扩散钎焊是增加保温扩散时间,使焊缝与母材充分均匀化,从而获得与母材性能相同的接头。

电子产品安装工艺中的所谓“焊接”就是软钎焊的一种,主要用锡、铅等低熔点合金做焊料,因此俗称“锡焊”。本章所讲的焊接工艺特指电子产品生产工艺中的锡焊。

3.1.3 锡焊的实用性特点与焊接条件

目前电子元器件的焊接主要采用锡焊技术。锡焊技术采用以锡为主的锡合金材料作焊料,在一定温度下焊锡熔化,金属焊件与锡原子之间相互吸引、扩散、结合,形成浸润的结合层。外表看来印制板铜箔及元器件引线都是很光滑的,实际上它们的表面都有很多微小的凹凸间隙,熔流态的锡焊料借助于毛细管吸力沿焊件表面扩散,形成焊料与焊件的浸润,把元器件与印制板牢固地粘合在一起,且具有良好的导电性能。

锡焊焊接的条件是:焊件表面应是清洁的,油垢、锈斑都会影响焊接;能被锡焊料润湿的金属才具有可焊性,对黄铜等表面易于生成氧化膜的材料,可以借助于助焊剂,先对焊件表面进行镀锡浸润后,再行焊接;要有适当的加热温度,使焊锡料有一定的流动性,才可以达到焊牢的目的,但温度也不可过高,过高时容易形成氧化膜而影响焊接质量。

3.1.4 锡焊形成的工艺过程

从微观角度来分析锡焊过程的物理、化学变化,锡焊是通过“润湿”、“扩散”、“冶金结合”3 个过程来完成的。任何焊接从物理学的角度看,都是“扩散”的过程,是在高温下两个物体表面分子互相渗透的过程,充分理解这一点是迅速掌握焊接技术的关键。锡焊焊接的过程是:焊料先对金属表面产生润湿,伴随着润湿现象发生,焊料逐渐向金属扩散,在焊料与金属的接触界面上生成合金层，使两者牢固结合起来。

润湿过程是指已经熔化了的焊料借助毛细管力，沿着母材金属表面细微的凹凸及结晶的间隙向四周漫流，从而在被焊母材表面形成一个附着层，使焊料与母材金属的原子相互接近，达到原子引力起作用的距离。我们称这个过程为熔融焊料对母材表面的润湿。润湿过程是形成良好焊点的先决条件。

伴随着润湿的进行，焊料与母材金属原子间的互相扩散现象开始发生，通常金属原子在晶格点阵中处于热振动状态，一旦温度升高，原子的活动将加剧，原子移动的速度和数量决定加热的温度和时间。

由于焊料与母材互相扩散，在两种金属之间形成一个中间层，即金属间化合物，从而使母材与焊料之间达到牢固的冶金结合状态。

锡焊，就是让熔化的焊锡分别渗透到两个被焊物体的金属表面分子中，然后让其冷却凝固而使之结合。被焊物体的金属可以是元器件引出脚、电路板焊盘或者是导线。

以元器件引出脚和电路板焊盘的焊接为例，如图 3-1 所示，这里的两金属（引脚和焊盘）之间有两个界面：其一，是元器件引出脚与焊锡之间的界面；其二，是焊锡与焊盘之间的界面。

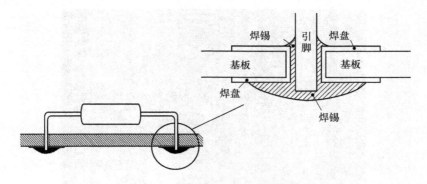

图 3-1　元件引脚和焊盘的焊接界面

当一个合格的焊接过程完成后，在以上两个界面上都必定会形成良好的扩散层，如图3-2 所示。在界面上，高温促使焊锡分子向元器件引出脚的金属中扩散，同时，引出脚的金属分子也向焊锡中扩散。两种金属的分子浓度都是向对方逐渐过渡的，这样原来界面的明显界线就逐渐模糊，于是，元器件引出脚和焊盘就通过焊锡紧紧地结合在一起了。

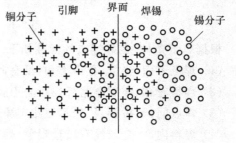

图 3-2　焊接的物理过程示意图

从以上分析可以知道：焊接过程的本质是扩散，焊接不是"粘"，也不是"涂"，而是"熔入"、"浸润"和"扩散"，它们最后是形成了"合金层"。

3.1.5 焊点形成的必要条件

要使焊接成功,必须形成扩散层,或称合金层,而要形成合金层,必须满足以下几个条件:

(1)两金属表面能充分接触,中间没有杂质隔离(如氧化膜、油污等);

(2)温度足够高;

(3)时间足够长;

(4)冷却时,两个被焊物的位置必须相对固定。

在凝固时不允许有位移发生,以便熔融的金属在凝固时有机会重新生成其特定的晶相结构,使焊接部位保持应有的机械强度。

根据以上(2)和(3)的条件,应该是温度越高、时间越长,焊接效果越好。然而,受元器件耐温性能和焊剂、焊料等重新氧化的限制,在实际的焊接工艺中,温度和时间都不能过度。但这是迫不得已的,如果仅从形成良好的扩散层来看,温度和时间往往嫌不足,实际上有很多虚焊就是焊接温度和时间不够造成的。图 3-3 为虚焊点示意图。

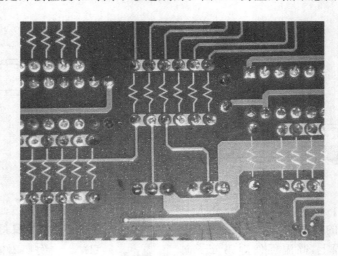

图 3-3 虚焊点示意图

根据以上条件,良好焊点的标准如下。

(1)焊点表面:光滑,色泽柔和,没有砂眼、气孔、毛刺等缺陷。

(2)焊料轮廓:印制电路板焊盘与引脚间应呈弯月面,润湿角 $15° < \theta < 45°$。

(3)焊点间:无桥接、拉丝等短路现象。

(4)焊料内部:金属没有疏松现象,焊料与焊件接触界面上形成 $3 \sim 10 \, \mu m$ 的金属间化合物。

后面介绍的焊接工具、材料以及实际的操作手法,实质上都是人们在客观条件受限的情形下,为了尽量满足这几个条件而探索出来的办法。

3.2　焊料和助焊剂

焊接材料即焊接时所消耗的材料,包括焊条、焊丝、焊剂等。焊接材料主要起保护熔池、填充金属、形成焊缝和改善焊缝性能等作用。焊接材料在焊接技术中占有重要的地位,选用正确、合适的焊接材料,是完成焊接生产任务的首要条件,选择恰当的焊接材料会大大优化产品的质量和性能,因此学习焊接材料是很有必要的。

3.2.1　焊料

焊料又名钎料,凡是用来熔合两种或两种以上的金属面,使之形成一个整体的金属的合金都叫焊料。根据其组成成分,焊料可以分为锡铅焊料、银焊料及铜焊料;根据其熔点,焊料又可以分为软焊料(熔点在 450 ℃以下)和硬焊料(熔点在 450 ℃以上)。在电子产品装配中常用的是锡铅焊料,即焊锡。焊锡是一种锡和铅的合金,它是一种软焊料,焊锡可以是二元合金、三元合金或四元合金。它通常是锡(Sn)与另一种低熔点金属——铅(Pb)所组成的合金,也是焊接的主要用料。为了提高焊锡的物理化学性能,有时还有意地掺入少量的锑(Sb)、铋(Bi)、银(Ag)等金属。

1. 焊锡的规格和选购

根据需要可以将铅锡焊料的外形加工成焊锡条、焊锡带、焊锡丝、焊锡圈、焊锡片、焊球等不同形状。也可以将一定粒度的焊料粉末与焊剂混合制成膏状焊料,即所谓“银浆”、“锡膏”,用于表面贴装元器件的安装焊接。手工焊接现在普遍使用有活化松香焊剂芯的焊锡丝,焊锡丝的直径从 $\varnothing 0.5$ mm 到 $\varnothing 5.0$ mm 分为十多种规格,如图 3-4 所示。

图 3-4　焊锡丝示意图

选购焊料时要注意其品牌、型号和质量。即使同样规格、同一牌号的产品,有时不同货批的,焊接性能也会相差甚远。成批购入时一定要先做焊接试验。

2. 杂质金属对焊料的影响

通常将焊锡料中除锡、铅以外所含的其他微量金属成分称为杂质金属。这些杂质金属会影响焊锡的熔点、导电性、抗张强度等物理和机械性能。

(1)铜(Cu)。铜的成分来源于印制电路板的焊盘和元器件的引线,并且铜的熔解速度随着焊料温度的提高而加快。随着铜的含量增加,焊料的熔点增高,黏度加大,容易产生桥接、拉尖等缺陷。一般焊料中铜的含量允许在 0.3%～0.5% 范围。

(2)锑(Sb)。加入少量锑会使焊锡的机械强度增高,光泽变好,但润滑性变差,焊接质量产生影响。

(3)锌(Zn)。锌是锡焊最有害的金属之一。焊料中熔进 0.001% 的锌就会对焊料的焊接质量产生影响。当熔进 0.005% 的锌时,会使焊点表面失去光泽,流动性变差。

(4)铝(Al)。铝也是有害的金属,即使熔进 0.005% 的铝,也会使焊锡出现麻点,黏接性变坏,流动性变差。

(5)铋(Bi)。含铋的焊料熔点下降,当添加 10% 以上时,有使焊锡变脆的倾向,冷却时易产生龟裂。

(6)铁(Fe)。铁难熔于焊料中。它使焊料熔点升高,难于熔接。

其中,锑可以增加强度,少量的锑可防止低温下"锡疫"现象的发生。银可以增加导电率,改善焊接性能。含银焊料可以防止银膜在焊接时熔解,特别适合于陶瓷器件上有银层处的焊接,还可用在高档音响产品的电路及各种镀银件的焊接。加入铋、镉、铟等金属可以降低焊料的熔融温度,制成低熔点焊料,但会降低焊料的机械性能。

铝和锌对焊料的危害极大,它们以氧化物固体杂质的形式存在,会降低焊料的流动性和浸润性。比如当 Sn60Pb40 焊料中锌的含量超过 0.001% 时就使焊料浸润性明显下降,含量超过 0.005% 时,焊点会失去光泽,出现麻点。铜是焊锡中最难避免的一种杂质,它的含量不允许超过 0.5%,铜的存在使得焊料熔点升高,焊点变脆。

3. 无铅焊料

无铅焊料中不含有毒元素铅,是以锡为主的一种锡、银、铋的合金。由于含有银的成分,提高了焊料的抗氧化性和机械强度,该焊料具有良好的润湿性和焊接性,可用于瓷基元器件的引出点焊接和一般元器件引脚的搪锡。

4. 焊膏

焊膏(俗称银浆)是由高纯度的焊料合金粉末、焊剂和少量印刷添加剂混合而成的浆

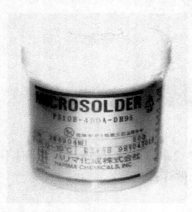

图 3-5　焊膏示意图

料,能方便地用钢模或丝网印刷的方式涂布于印制电路板上,如图 3-5 所示。焊粉是焊接金属粉末,其直径为 15～20 μm,目前已有锡-铅(Sn-Pb)、锡-铅-银(Sn-Pb-Ag)、锡-铅-铋(Sn-Pb-In)等。有机物包括树脂或一些树脂溶剂混合物,用来调解和控制焊膏的黏性。使用的溶剂有触变胶、润滑剂、金属清洗剂,其中触变胶不会增加黏性,但能减少焊膏的沉淀。焊膏适合片式元器件用再流焊进行焊接。由于可将元件贴装在印制板的两面,因而节省了空间,提高了可靠性,有利于大量生产,是现代表面贴装技术(SMT)中的关键材料。

3.2.2　助焊剂

　　焊剂又称为钎剂,也称为助焊剂,如图 3-6 所示,是一种在受热后能对施焊金属表面起清洁及保护作用的材料,在整个焊接过程中焊剂起着至关重要的作用。由于空气中的金属表面很容易生成氧化膜,这种氧化膜能阻止焊锡对焊接金属的浸润作用,而适当地使用助焊剂可以去除氧化膜,使焊接质量更可靠,焊点表面更光滑、圆润。

　　焊剂有无机系列、有机系列和松香树脂系列 3 种,其中无机焊剂活性最强,有机焊剂活性次之,应用最广泛的是松香助焊剂,活性较差。至于市场上销售的各种助焊剂,一定要了解其成分和对元器件的腐蚀作用后,再行使用。若盲目使用,会造成对元器件的腐蚀,其后患无穷。

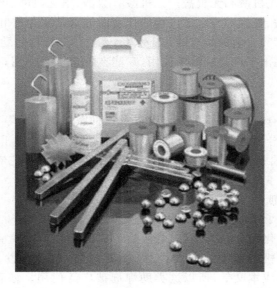

图 3-6　助焊剂示意图

1. 焊剂的功能

　　助焊剂的作用是清除金属表面氧化物、硫化物、油和其他污染物,并防止在加热过程中焊料继续氧化。同时,它还具有增强焊料与金属表面的活性,增加浸润的作用。焊剂一般由具有还原性的块状、粉状或糊状物质担任。焊剂的熔点比焊料低,其比重、黏度、表面张力都比焊料小。因此,在焊接时,焊剂必定会先于焊料熔化,很快地流浸、覆盖于焊料及被焊金属的表面,起到隔绝空气,防止金属表面氧化的作用,从而降低焊料本身和被焊金属的表面张力,增加焊料润湿能力,并且能在焊接的高温下与焊锡及被焊金属表面的氧化膜反应,使之熔解,还原出纯净的金属表面来。

　　助焊剂的作用主要有辅助热传导、去除氧化物、降低被焊接材质表面张力、去除被焊接材质表面油污、增大焊接面积、防止再氧化等,比较关键的作用有两个:去除氧化物与降低被焊接材质表面张力。

2. 对焊剂的要求

　　(1) 有清洗被焊金属和焊料表面的作用;

（2）熔点要低于所有焊料的熔点；

（3）在焊接温度下能形成液状，具有保护金属表面的作用；

（4）有较低的表面张力，受热后能迅速均匀地流动；

（5）熔化时不产生飞溅或飞沫；

（6）不产生有害气体和有强烈刺激性的气味；

（7）不导电，无腐蚀性，残留物无副作用；

（8）助焊剂的膜要光亮、致密、干燥快、不吸潮、热稳定性好。

3. 焊剂的品种

焊剂的品种繁多，配方标准不一，各自的特点如下。

（1）无机助焊剂

无机助焊剂包括无机酸和无机盐。无机酸有盐酸、氟化氢酸、溴化氢酸、磷酸等。无机盐有氯化锌、氯化铵、氟化钠等。无机盐的代表助焊剂是氯化锌和氯化胺的混合物（氯化锌75%，氯化胺25%）。它的熔点约为180℃，是适用于钎焊的助焊剂。由于其具有强烈的腐蚀作用，不能在电子产品装配中使用，只能在特定场合使用，并且焊后一定要清除残渣。

（2）有机助焊剂

有机类助焊剂由有机酸、有机类卤化物以及各种胺盐树脂类等合成。这类助焊剂由于含有酸值较高的成分，因而具有较好的助焊性能，可焊性好。由于此类助焊剂具有一定程度的腐蚀性，残渣不易清洗，焊接时有废气污染，因而限制了它在电子产品装配中的使用。

（3）树脂类助焊剂

这类助焊剂在电子产品装配中应用较广，其主要成分是松香。在加热情况下，松香具有去除焊件表面氧化物的能力，同时焊接后形成的膜层具有覆盖和保护焊点不被氧化腐蚀的作用。由于松脂残渣为非腐蚀性、非导电性、非吸湿性，焊接时没有什么污染，且焊后容易清洗，成本又低，所以这类助焊剂被广泛使用。松香助焊剂的缺点是酸值低、软化点低（55℃左右），且易氧化、易结晶、稳定性差，在高温时很容易脱羧炭化而造成虚焊。

目前出现了一种新型的助焊剂——氢化松香，我国已开始生产。它是用普通松脂提炼来的，氢化松香在常温下不易氧化变色，软化点高、脆性小、酸值稳定、无毒、无特殊气味，残渣易清洗，适用于波峰焊接。将松香熔于酒精（1∶3）形成"松香水"，焊接时在焊点处蘸以少量松香水，就可以达到良好的助焊效果。但用量过多或多次焊接，形成黑膜时，松香即失去助焊作用，需清理干净后再行焊接。对于用松香焊剂难以焊接的金属元器件，可以添加4%左右的盐酸二乙胺或三乙醇胺（6%）。

在电子技术中主要使用以松香为主的有机焊剂。松香是天然树脂，是一种在常温下呈浅黄色至棕红色的透明玻璃状固体，松香的主要成分为松香酸，在74℃时熔解并呈现出活性，随着温度的升高，作为酸开始起作用，使参加焊接的各金属表面的氧化物还原、熔解，起到助焊的作用。固体状松香的电阻率很高，有良好绝缘性，而且化学性能稳定，对焊点及电路没有腐蚀性。由于它本身就是很好的固体助焊剂，可以直接用电烙铁熔化，蘸着使用，焊接时略有气味，但无毒。早期的无线电工程人员没有松香焊锡丝而使用实心的焊锡条时,只要有一块松香佐焊就可以焊出非常漂亮的焊点来。松香在焊接时间过长时就会挥发、炭化,因此作焊剂使用时要掌握好与烙铁接触的时间。

松香不溶于水,易溶于乙醇、乙醚、苯、松节油和碱溶液。通常可以方便地制成松香酒精溶液供浸渍和涂覆用。

3.3　手工焊接

3.3.1　焊接工具

不同的焊接工艺所选用的焊接工具也不同,本节将介绍进行手工锡焊的常用焊接工具:电烙铁、焊丝及其他常用工具。

1. 电烙铁

(1)电烙铁的功能、构造和工作原理

电烙铁是电子制作和电器维修必不可少的主要工具,用于焊接、维修及更换元器件等。电烙铁有普通电烙铁、调温式电烙铁、恒温电烙铁等几种。电烙铁按结构可分为内热式电烙铁和外热式电烙铁,按功能可分为焊接用电烙铁和吸锡用电烙铁,根据用途不同又分为大功率电烙铁和小功率电烙铁。

电烙铁在手工锡焊过程中担任着加热被焊金属、熔化焊料、运载焊料和调节焊料用量的多重任务。

电烙铁的构造很简单,除了一种手枪式快速电烙铁以外,其余都大同小异,图 3-7 是普通外热式电烙铁。它是由 5 部分组成:电源线及插头、手柄、烙铁身、烙铁芯(电热器)和烙铁头。电烙铁的种类很多,有直热式、感应式、储能式及调温式多种,电功率有 15 W、20 W、35 W、…、300 W 多种,主要根据焊件大小来决定。一般元器件的焊接以 20 W 内热式电烙铁为宜;焊接集成电路及易损元器件时可以采用储能式电烙铁;焊接大焊件时可用150~300 W 大功率外热式电烙铁。小功率电烙铁的烙铁头温度一般在 300~400 ℃。

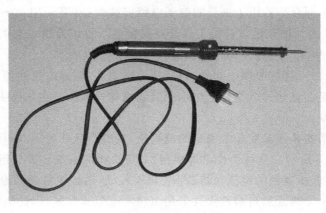

图 3-7　普通电烙铁

电烙铁手柄用木头或较耐热的塑料制成,中间的空腔可以打开,空腔中有电热丝与电源线的连接端子,电源线由手柄后端的橡胶护套中穿出,穿出前由一个塑料螺栓或卡子锁住,以利安全。手柄前有铁管做成的烙铁身,管身前端装有发热的烙铁芯,烙铁芯是用细电炉丝分层间绕在用云母片绝缘的薄铁管上,烙铁头尾部伸入到薄铁管中,薄铁管的前端嵌死在一段套筒里,套筒用来紧固烙铁芯与管身,调节烙铁工作温度时要旋松套筒用来紧固烙铁芯的螺钉。烙铁头是用单位体积热容量较大、导热率高的紫铜制成。

电烙铁的工作原理简单地说就是一个电热器在电能的作用下,发热、传热和散热的过程。接通电源后,在额定电压下,由烙铁芯以电热丝阻值所决定的功率发热。热量优先传给烙铁头,使其温度上升,再由烙铁头的表面向周围环境中散发。热量散发的速度与烙铁头的温升成正比,温差越大热量散发越快;当达到一定的温度后,散热的功率就会等于发热的功率而达到一种动态平衡,停止升温,电烙铁的预热阶段完成。此时烙铁头的温度就是这支电烙铁的空载预热温度,一般为 300 多摄氏度,超出焊料熔点很多。发热芯的热量也会向后传给管身部分,由于管身部分是由一定长度的薄壁钢管制成,热阻较大,加上有些管身的后段具有散热孔或隔有散热片,因此手柄温升不多。

焊接操作时,当烙铁头的工作面与焊料、工件接触时,原来的平衡关系就被打破,热量马上通过热阻比空气小得多的接触部位传向焊接工作区,使得焊锡、工件的温度很快地上升。只要烙铁头的热容量较之于被焊区工件的热容量为足够大,就可以在极短的时间内使得焊锡和工件焊接部位的温度超过焊锡的熔点而完成焊接的过程,而其本身的温度却下降很少。

(2) 烙铁的设计及选用

普通电烙铁按结构分为内热式和外热式两种。内热式电烙铁的发热芯与管身一并被套在烙铁头的里面,外型小巧,预热快,热效率高,以功率为 20 W、30 W 的应用较多,但发热芯的可靠性比外热式的差,烙铁的温度不便于调节,不太适合初学者使用。外热式电烙铁的发热芯套在烙铁头的外面,结构牢固、经久耐用、热惯性大,工作时温度较为恒定,温度的调节比较方便,是目前采用得最为普遍的结构形式。外热式电烙铁的功率规格齐全,从 20 W 到 300 W 都有。若用于一般的电子电路安装焊接,有一把 20~30 W 的为主,再配一把 45~60 W 的为辅就足够应付了。若要安装电子管扩音机之类的中、大型设备,则应该准备一把 75 W 和一把 150 W 的电烙铁。

除普通电烙铁外,还有吸锡电烙铁、自动恒温电烙铁、快速电烙铁等。

吸锡电烙铁是在直热式电烙铁上增加了吸锡机构构成的。在电路中对元器件拆焊时要用到这种电烙铁。

所谓恒温电烙铁是指温度非常稳定的电烙铁,典型产品如美国 Metcal 公司的自动恒温电烙铁,如图 3-8 所示。这种烙铁由焊接台、TIP 头和烙铁架 3 部分组成。其中焊接台是加热电源,输出低压高频的电流对烙铁头(TIP 头)加热。与普通的电烙铁有根本的区别,普通的电烙铁,加热区远离烙铁头并采用恒功率电阻式发热,因此烙铁头升温慢,热惯性大,操作不慎容易损坏芯片。该公司产的 Metcal 烙铁头由特殊材料制成,在 TIP 头温度没有达到设定温度时以较大功率加热,当温度接近设定温度时,由于 TIP 头本身电阻的变化,会以较小的功率加热。因此烙铁头升温迅速,温度稳定,并能保证每一个操作者的电烙铁在同样的温度范围内完成焊接工作。这种烙铁的工作特点是:

① 升温快,TIP 头能在 4 秒钟内自动升温到所需的温度;

② 温度稳定性好,TIP 头的加热温度可达到的精度为±1.1 ℃;

③ 符合 ESD(静电释放)防护的标准,特别适合微型电子组件的手工焊接和返修。

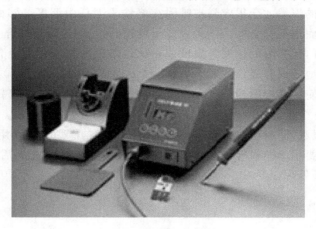

图 3-8　自动恒温电烙铁

(3) 烙铁头

电烙铁的易损件是烙铁头和烙铁芯,烙铁头和烙铁芯单独作为配件在市面上有售。烙铁芯比较单一,只要尺寸一致、功率相同即可。

烙铁头的外形主要有直头、弯头之分。工作端的形状有圆锥形、圆柱形、铲形、斜劈形及专用的特制形等,如图 3-9 所示。通常在小功率电烙铁上,以使用直头锥形的为多,而弯头铲形的则比较适合于 75 W 以上的电烙铁。烙铁头形状的选择可以根据加工的对象和个人的习惯来决定,或根据所焊元件种类来选择适当形状的烙铁头。小焊点可以采用圆锥形的,较大焊点可以采用铲形或圆柱形的。可以利用更换烙铁头的大小及形状来达到调节烙铁头温度的目的。烙铁头越细,温度越高;烙铁头越粗,相对来说温度越低。

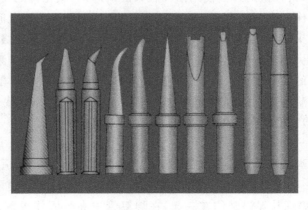

图 3-9　烙铁头示意图

烙铁头一般采用紫铜材料制造。为保护在焊接的高温条件下不被氧化生锈,常将烙铁头经电镀处理,有的烙铁头还采用不易氧化的合金材料制成。新的烙铁头在正式焊接前应先进行镀锡处理。方法是将烙铁头用细砂纸打磨干净,然后浸入松香水,沾上焊锡,在硬物(如木板)上反复研磨,使烙铁头各个面全部镀锡。

普通电烙铁头都是用热容比大、导热率高的纯铜(紫铜)制成。锡和铜之间有很好的亲和力,因此熔融的焊锡才会很容易被吸附在烙铁头上任由调度。然而铜和锡在一起容易生成铜锡合金,而铜锡合金的熔点大大低于纯铜的熔点,这样铜锡合金在电烙铁的工作温度下会局部熔解,其熔解的速度与温度成正比。烙铁头的工作面上各点的温度不会完全一样,温度高的地方铜金属消耗较快,使工作面形成凹陷,如图 3-10 所示,凹陷的表面使温度更加集中,使局部熔解的速度加快。这样恶性循环,于是,在烙铁头原来平整的工作面上就会出现一个很深的凹坑,使人们不得不重新加工修整、上锡。结果,一支烙铁头用不了多久便要报废,同时反复的修整工作也带来很大的麻烦。若使用时间很长,烙铁头已经发生氧化时,要用小锉刀轻锉去表面氧化层,在露出紫铜的光亮后,用与新烙铁头镀锡的同样方法进行处理。

图 3-10　烙铁头工作表面形成的凹陷

如今被大量使用的长寿烙铁头就是在此基础上加以改进而形成的。长寿烙铁头的基体金属还是紫铜,只是在工作端部被镀上了一层用来阻挡焊锡侵蚀的纯铁,为了保持烙铁头对焊锡的吸附性,再在铁的外面使用活性较大的助焊剂(氧化锌之类)热镀上一层纯锡。由于铁在烙铁的工作温度下基本上不会与锡起反应,从而解决了以上问题。

使用长寿烙铁头时,要注意保护其表面的镀层,千万不能像普通烙铁头那样在砂纸上磨,或用锉刀锉,其尖端若有黑膜时,只要在湿布或一种专用的湿纤维素海绵上,稍加擦拭即可露出原来光亮的镀锡表面。另外,暂停操作时,应尖端向下搁置在烙铁架上,让烙铁尖总是被焊锡的液滴包裹着,以免烙铁头被"烧死"。长寿烙铁头运载焊料的能力比普通烙铁头略差一些,但配合焊锡丝使用,影响不大。

2. 焊锡丝

焊锡丝是手工焊接用的焊料,手工焊接电子元器件的焊锡中,最适合使用的是管状焊锡丝,它实际上是一种锡铅合金,不同的锡铅比例,焊锡的熔点温度也不同,一般为 $180\sim230\ ℃$。焊锡丝由焊剂与焊锡制作在一起,在焊锡管中夹带固体焊剂。焊剂一般选用特级松香为基质材料,并添加一定的活化剂,如盐酸二乙胺等。锡铅组分不同,熔点就不同。

如 Sn63Pb37 焊锡丝的熔点为 183 ℃，Sn62Pb36Ag2 焊锡丝的熔点为 179 ℃，这种焊锡丝中间夹有优质松香与活化剂，使用起来异常方便。

管状焊锡丝的直径有 0.23 mm、0.4 mm、0.56 mm、0.8 mm、1.0 mm 等多种规格，可以根据焊接对象的需要方便地选用。一般的电子产品安装焊接使用？∅1.2 mm 左右的即可，∅0.5 mm 以下的锡焊丝用于密度较大的贴装电路板上微小元器件的焊接。焊接穿孔元件可选用 ∅0.5 mm、∅0.6 mm 的焊锡丝。焊接密间距的表面贴装器件（Surface Mounted Devices，SMD）可选用 ∅0.2 mm 的焊锡丝。

3．其他工具

焊接所用的其他工具还有吸锡器、放大镜、镊子、尖嘴钳、斜口钳、剥线钳、小刀和台灯等，如图 3-11 所示。

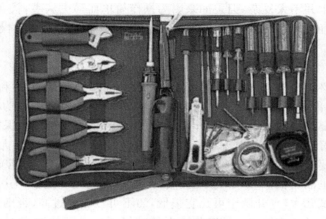

图 3-11　焊接工具示意图

台灯用于照明。小刀和砂纸用于零件上锡前的表面处理，小刀可用废手工钢锯条按需要的形状打磨而成。镊子和尖嘴钳用于夹持细小的零件，以及用于不便直接用手捏拿着进行操作的场合。镊子可选用像修钟表时用的那种不锈钢的镊子。尖嘴钳应选用较细长的那一种。斜口钳用来在焊接后修剪元器件过长的引脚，也是安装焊接中使用得颇为频繁的一件工具，一定要选购钳嘴密合、刃口锋利、坚韧耐用才行，使用时要注意保护，不得随便用来剪切其他较硬的东西，比如铁丝等。在没有斜口钳时，用指甲钳剪去元器件过长的引脚也很有效。

剥线钳的使用既可提高效率，又可保证剥线质量。购置时宜选用可以自动适应线径的那种，使用时要注意调节好剥切分离的压力。放大镜在检查焊接缺陷时非常有用。一个 3～5 倍的放大镜往往可以使你有新的发现，使你技高一筹。购置时最好也选用像钟表修理时用的那种，其像差较小，体积也小，便于携带。

吸锡器是锡焊元器件无损拆卸时的必备工具。吸锡器有很多种形式，但工作原理和结构都大同小异。现在市面上流行的一种手动专用吸锡器，是利用一个较强力的弹簧压缩后，在突然释放时带动一个吸气筒的活塞抽气，在吸嘴处产生强大的吸力将处于液态的锡吸走，这种吸锡器经济实用。

也有将电烙铁和吸锡器合二为一，使其成为所谓吸锡电烙铁。这种产品具有焊接和吸锡的双重功能，拆卸焊点时无须另外的电烙铁加热，可以垂直套在焊点引脚上吸锡，吸得比较干净,但结构比手动专用吸锡器复杂。

还有一种较专业的吸锡电烙铁,带有一个电动机,由手柄上的一个按钮开关控制,由于有电动机做动力,吸筒粗大,可以产生很大的吸力,吸锡效果比较理想,即使是拆卸多层电路板上的焊点也能胜任。这种装置的电动机、吸气筒和控制烙铁温度的调压变压器都另外安装在一个兼做烙铁架用的座子里,吸锡操作时活塞动作的反冲力不会影响到烙铁吸嘴,很好用。但不是专业拆卸一般不会采用。

总之,平时准备一个手动专用吸锡器就可以了。购置时,应该选那种筒身粗大,吸气有力而又可以单手操作的产品。

3.3.2 手工焊接方法

手工焊接技术并不太复杂,但是如果因为操作简单而马虎从事,就会引起各种不良的后果,所以在焊接的过程中一定要引起重视。下面对手工焊接过程及操作要领做一简单介绍。

1. 焊接准备

焊接开始前必须清理工作台面,如图 3-12 所示,准备好焊料、焊剂和镊子等必备的工具,更重要的是要准备好电烙铁。"准备好电烙铁"不仅是要选好一只功率合适的电烙铁,而且更重要的是要调整好电烙铁的工作温度,使烙铁头的工作面完全保持在吃锡的状态。这是决定能否焊好的第一步。对于第一次使用的新烙铁来说,这一步尤其重要。新烙铁在首次通电以前要把烙铁头调出来两厘米左右,经充分预热试焊后,若嫌温度不够,可以解开紧固螺钉向里面送回一点,试焊,还不够就再往里送回一点点……就这样逐步往上调,不要过急,多试几次,一开始宁可让它偏低,切不可让温度过高,否则烙铁头就会被"烧死"。所谓"烧死",是指烙铁头前端工作面上的镀锡层在过高的温度下被氧化掉,表面形成一层黑色的氧化铜壳层。此时的烙铁头既不传热也不再吃锡,用这样的烙铁是无法工作的。烙铁头一旦"烧死"就必须锉掉表层重新上锡,这对于长寿烙铁来说就是致命的损失了。使用时要充分留意这道手续,当换了一支烙铁,或换了一个工作环境,在电网电压变化以后,必须注意调节电烙铁的工作温度,使其维持在 300 ℃左右。实际操作的准则是:在不至于"烧死"烙铁头的前提下尽量调高一些。一定要让烙铁头尖端的工作部位永远保持银白色的吃锡状态。

图 3-12　焊接工作台

2．焊接过程

（1）元器件引出脚的上锡

这是完整的手工焊接过程的第一步。即将元器件引出脚及焊片、焊盘引线等被焊物分别预先用烙铁搪上一层焊锡。这样可以基本保证不出现虚焊。在焊接操作中，一定要养成将元器件和引线预先上锡的良好习惯。对于那些表面氧化、有污渍的引脚和有绝缘漆的线头，上锡前还必须进行表面的清洁处理，手工焊接时一般采用刮削的办法处理。刮削时必须注意做到全面、均匀。尤其是处理那些小直径线头时，不能在刮削的起始部位留下伤痕。较粗的引出脚可以压在粗糙的工作台板的边缘上边转边刮，细线头则应该用砂纸处理。

（2）手工焊接的基本手法

焊接的操作过程看起来很简单，但是要真正焊好每一个焊点，保证在任何情况下都不出现虚焊则不是那么简单的事情，这需要细心，需要手脑并用，尤其需要通过反复练习，培养手感。

手工焊接有两种基本手法：另一种是用实心焊锡条时的手法；另一种是使用松香焊锡丝作焊料时的手法。前者是一种传统的手法，初学者应首先掌握这种方法，只有学会了怎么样用烙铁来运载、调节焊料，体会到怎样使焊剂在焊接过程中发挥它的作用，才能真正做好焊接。

准备好的电烙铁应该先在锡条上熔锡，以便让烙铁头能带上适量的焊锡。熔锡时只要在锡条的端部或边缘处去熔解，分割出几粒大小不等的锡珠，然后选择一粒大小适当的让烙铁头吃锡即可。要不时地让烙铁头到松香里去蘸一下，让焊锡、烙铁的工作面总是被一层松香的油膜包裹着，否则，烙铁吃锡时锡珠不成其为珠，液滴也不成其为滴，无法控制吃锡量。吃好锡后赶紧让带着新鲜松香油膜的焊锡去接触元器件引出脚和焊盘，在焊剂的引导下焊锡会以很大的接触面传导烙铁的热量，使被焊金属很快地升温。只要被焊金属表面清洁，可焊性好，局部的高温就会使得扩散发生，液滴会在被焊物表面浸流开来，迅速填满引出脚与焊盘之间的间隙，此时不失时机地将烙铁移到引出脚的对面引导一下，就可以得到一个完整的焊点。这个过程需要经历零点几秒到数秒的时间，具体时间由焊点大小、烙铁温度、金属可焊性决定，应该以有扩散浸润发生，形成真正焊接的时间为准。焊料对被焊物发生浸润的那一刻是可以观察到的，在这一刻，焊料与被焊金属相接处的接触角会突然从大于 90°的缝隙状变为小于 90°的浸润状，并开始向前爬行。接触角指焊锡的外表面和焊锡与被焊金属的接触面之间的夹角，如图 3-13 所示。

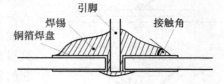

图 3-13　焊接时的接触角

焊点一旦形成就应将烙铁撤离，并保持各被焊物之间的位置不要变动，让焊点自然冷却即可。烙铁撤离时的方向及电路板搁置的角度可以决定焊点存留焊锡的多少，当电路板倾斜搁置时，用烙铁来调节焊点的存锡量会有最大的灵活性，因此流水线上的焊工都喜欢把电路板斜搁着焊接。

需要再强调的是：整个焊接过程自始至终都必须在焊剂的辅助下进行，要让焊锡、烙铁头和被焊点的金属总是被一层新鲜的松香液膜包裹着。不要让焊剂蒸发完，应始终带着新鲜的松香液膜操作，让焊锡在凝固以前总是处于晶莹发亮的状态，这是用这种手法焊接的技术要领。这种焊法一般都会在焊点的周围留下较多的松香痂,由于松香有很好的绝缘性,对电路没什么影响,可以不予理会。如果要求美观或用于高压电路,也可以用酒精等清洗剂清洗。

采用松香焊锡丝的焊接手法简单一些。由于焊锡丝里包裹着活性松香焊剂,焊接时用不着频繁地去蘸松香,可以节省时间,减少松香的用量,提高工作效率,焊出来的焊点也较清洁美观。因此,现在普遍都是使用焊锡丝来进行焊接,焊接过程的基本要求还是一样,即要求在整个过程中,不能缺少焊剂的参与和保护。操作手法如下。

将电路板面向操作者倾斜搁置,烙铁头工作面靠到被焊零件引脚和焊盘上,同时将焊丝送向三者交汇处的烙铁头上,使其熔化,熔化的焊锡会马上流向并填充它们之间的空隙,使热量迅速地传导过来,很快地将被焊物升温。由于焊锡丝内有焊剂芯,同时熔化的松香焊剂会流浸到焊接区各金属物的表面,起到焊剂的种种作用。随后,当温度升高到一定的程度时,扩散发生,焊锡浸润被焊物表面,开始形成焊点。然后,移动烙铁,焊点完成,撤离烙铁,冷却凝固,此后的一切操作都与其他不用焊丝的焊接过程一样,只不过省去了蘸松香的动作而已。由于焊锡丝中的焊剂含量有限,如果被焊物的可焊性不是非常好,则往往在焊点还没有完全形成以前焊剂早已被蒸发干净,使焊锡表面氧化变色而无法继续焊下去。为了得到新鲜的焊剂,不得不再送入一段锡丝,让焊丝中的焊剂流出来补充,而这样一来又使得焊锡液滴的总量过多,而要用烙铁从焊点的下面将多余的焊锡带走抖掉。有时遇到较难焊的焊点,就必须再三送入焊丝,接着又抖掉多余的焊锡,直到真正的焊点形成。

为了提高焊锡丝利用率,尽量缩短焊接时间,可以将开始送入的焊丝分成两部分进行。首先直接向烙铁头送一部分,用以填充间隙,加大烙铁传热的接触面,启动整个焊接过程。当被焊件热起来以后就不失时机地转到烙铁对面的一侧,直接向元器件引脚和焊盘送入另一部分焊锡丝。这样,焊锡丝就起到了引导焊点形成的作用,既可以免去烙铁的来回两边移动的动作,又可以让对侧的金属及早地涂上助焊剂,避免升温引起的氧化作用。这是较熟练时的操作手法。

操作要领仍是:"始终带着焊剂液膜操作,让焊锡在凝固以前总是处于晶莹发亮的状态。"因为若焊锡液滴变色就说明表面一层已经氧化,已经不是金属,在焊接温度下不会熔解,隔着这层固体杂质,金属间的浸润、扩散将无法进行。

两种焊接手法的基本要求是一致的,即要在尽量短的时间里得到一个有着完美合金层的真焊点。实际操作时在第二种手法中往往掺和着第一种手法。

(3)手工焊接手法的练习步骤

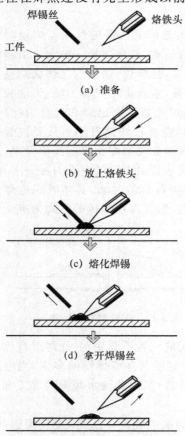

图 3-14　手工焊接的 5 步操作法

(a) 准备

(b) 放上烙铁头

(c) 熔化焊锡

(d) 拿开焊锡丝

(e) 拿开烙铁头

焊锡丝　烙铁头　工件

初学者采用松香焊锡丝的焊接手法如图 3-14 所示分 5 步进行。

步骤 1：准备

认清焊点位置，烙铁头和焊锡丝靠近，处于随时可焊接的状态。

步骤 2：放上烙铁头

烙铁头放在工件焊点处，加热焊点。

步骤 3：熔化焊锡

焊锡丝放在工件上，熔化适量的焊锡。

步骤 4：拿开焊锡丝

熔化适量的焊锡后迅速拿开焊锡丝。

步骤 5：拿开烙铁头

焊锡的扩展范围达到要求后，拿开烙铁，注意撤烙铁头的速度和方向，保持焊点美观。

3.3.3　拆焊

在电子产品的研究、生产和维修中有很多时候需要将已经焊好的元器件无损伤地拆下来，锡焊元器件的无损拆卸（或者说拆焊）也是焊接技术的一个重要组成部分。拆焊的方法和拆焊用的工具多种多样。其方法有逐点脱焊法、堆锡脱焊法、吸锡法和吹锡法。

对于只有两三个引脚，并且引脚位点比较分开的元件，可采用吸锡法逐点脱焊。对于引脚较多，引脚位点较集中的元器件（如集成块等），一般采用堆锡法脱焊。例如拆卸双列直插封装的集成块，可用一段多股芯线置于集成块一列引脚上，用焊锡堆积于此列引脚，待此列引脚焊锡全部熔化即可将引脚拨出。不论采用何种拆焊法，必须遵循两条原则：一是拆下来的元器件必须安然无恙；二是元器件拆走以后的印制电路板必须完好无损。

3.4　焊接的质量检验

检验焊接质量有多种方法，比较先进的方法是用仪器进行。而在通常条件下，则采用观察法和用烙铁重焊的方法来检验。

3.4.1　外观观察检验法

一个焊点的焊接质量的优劣最主要的是要看它是否为虚焊，其次才是外观。经验丰富的人可以凭焊点的外表来判断其内部的焊接质量。

一个良好的焊点其表面应该光洁、明亮，不得有拉尖、起皱、鼓气泡、夹渣、出现麻点等现象；其焊料到被焊金属的过渡处应呈现圆滑流畅的浸润状凹曲面。我们可以用穿孔插装工艺的焊点剖面图（图 3-15）来举例说明。

图 3-15(a)是合格焊点的剖面，图 3-15(b)所示的焊点外表看似光滑、饱满，但仔细观察时就可以发现在焊锡与焊盘及引脚相接处呈现出大于 90°的接触角，表明焊锡没有浸润它们，这样的焊点肯定是虚焊；图 3-15(c)是焊料太少，虽然不算是虚焊，但焊点的机械强度太小；图 3-15(d)的焊点外表不光滑，有拔丝拖尾现象，表明焊接过程中焊剂用的不够，或至少在焊接的后阶段是在缺少焊剂的情况下结束的，难保不是虚焊；图 3-15(e)焊点松散，其原因

可能是焊前未将被焊金属处理好,也可能是焊锡在凝固时相对金属零件有晃动。

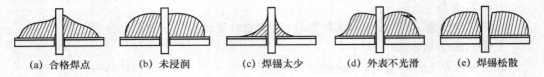

(a) 合格焊点   (b) 未浸润   (c) 焊锡太少   (d) 外表不光滑   (e) 焊锡松散

图 3-15　焊点剖面示意图

用观察法检查焊点质量时最好使用一只 3～5 倍的放大镜,在放大镜下可以很清楚地观察到焊点表面焊锡与被焊物相接处的细节,而这里正是判断焊点质量的关键所在,焊料在冷却前是否曾经浸润金属表面,在放大镜下就会一目了然。

其他像连焊、缺焊等都是相当明显的缺陷,不再赘述。

3.4.2　带松香重焊检验法

检验一个焊点虚实真假最可靠的方法就是重新焊一下,即用满带松香焊剂、缺少焊锡的烙铁重新熔融焊点,从旁边或下方撤走烙铁,若有虚焊,其焊锡一定都会被强大的表面张力收走,使虚焊处暴露无余。

带松香重焊是最可靠的检验方法,多次运用此法还可以积累经验,提高用观察法检查焊点的准确性。

3.4.3　其他焊接缺陷

除了虚焊以外还有一些焊接缺陷也要注意避免,如引线绝缘层剥得过长,使导线有与其他焊点相碰的危险;多股线头没有完全焊妥,有个别线芯逃逸在外;焊接时温度太高,时间太长,使基板材料炭化、鼓泡,焊盘已经与板基剥离,元器件失去固定,与焊盘连接的电路将被撕断。

3.5　机器焊接简介

3.5.1　浸焊

在电子产品的批量生产中,电路板上绝大部分元器件的大量焊接工作必须由一次性整体焊接来完成。电路板的整体焊接包括浸焊、波峰焊和用于 SMD 的各种再流焊。其中浸焊是一种半手工半机械的方法,在中、小企业的穿孔插装工艺中,作为主要的焊接手段而被普遍采用,现略做介绍,如图 3-16 所示为一般的浸焊机与浸焊处理。浸焊的主要设备有浸焊锡炉和发泡松香炉。

锡炉装有自动控温装置,大多装有 24 小时到 7 天为循环周期的定时继电器,可以按照设定的程序自动开炉和停炉,功率为 120～2 500 W,工作温度为 100～300 ℃,最高温度可达 400 ℃以上。选用时其功率和容积应根据生产规模和被加工电路板的尺寸来确定。

发泡松香炉用来将焊剂发泡使之成为泡沫的涌流,让焊剂能够均匀地涂布于电路板的焊接面,且在浸焊前维持这一状态而不发生流滴。浸焊炉上方应装有良好的抽风设备,以便将焊接时产生的烟雾完全抽走。浸焊的炉温要精心调节,要根据不同的焊料、不同的工作来设定。浸焊操作时用长约 250 mm,形状和弹力相宜的不锈钢大夹子夹住电路板的两个长边进行。入炉浸焊前应该先检查一下所插的零件是否有歪斜、跳出等现象,有则稍加整理;再用硬纸板将锡液表面的一层氧化锡膜刮开,随后将蘸好焊剂的电路板浸入。浸焊时采取边浸边向前推移的手法,同时尽量使电路板上容易发生连焊的方向与运动方向垂直。入浸时前端稍微下倾,出焊时稍微上翘,使之成一略带弧形的动作效果最好。因为电路板在受热的瞬间会向上弯曲,采取这样的动作就可以使得每一部分焊点的受焊时间相同,有利于减少虚焊和连焊。电路板压入锡液液面的深度以焊锡不会跑到元器件面上为准。电路板在锡液中的浸焊停留时间大致为 2 秒,具体时间则要根据不同的工件、炉温及焊料焊剂的性能而有所变化,要精确地掌握好,以出现最少的焊接缺陷而又不热伤元器件为准。浸锡炉中的焊料成分会随着不断地使用而发生变化:锡的成分会减少,铅的比例会提高(即所谓"偏析现象"),铜、锌等有害杂质的浓度也会上升,一定要注意及时调整,不能仅作量的补充。焊好的工件要用纸板隔开分层摆放,以免焊接时溅附于底板上的锡珠、碎屑在相互碰撞时掉落到零件中,形成不易清理的多余物。另外,发泡用的陶瓷微孔发泡管在投入使用以后要注意停工时的养护,要让其浸没在焊剂液体里并维持一个正气压,使之保持轻微的发泡状态,下次开工时要由弱到强分步逐渐加大气压至正常发泡状态,否则极易使发泡管爆裂。长期停用时应该从焊剂中拿出,洗净,浸泡在稀释剂中。

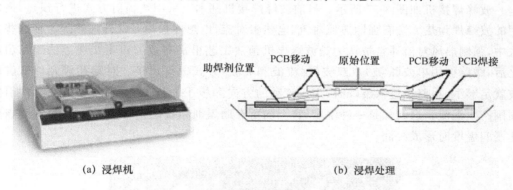

(a) 浸焊机　　　　　　　　　　　　　　(b) 浸焊处理

图 3-16　浸焊机与浸焊处理

操作时必须带好口罩之类的防护用具,平时要注意焊剂、稀释剂等易燃物的安全防火工作,要及时清理掉锡炉边的焊剂痂。

整体焊接工序是整条安装生产线的关键工序,其质量的好坏非常明显地影响着整个生产的速度和质量,必须给予充分的重视。

3.5.2　波峰焊和再流焊

整体一次焊接手段——波峰焊和再流焊——是专门用于大批量自动化生产的。其中波峰焊是在锡炉浸焊的基础上改进研制而成。再流焊又称回流焊,适用于各种贴片元件产品的焊接安装。

1. 波峰焊生产工艺过程

波峰焊是指将熔化的软钎焊料（铅锡合金），经电动泵或电磁泵喷流成设计要求的焊料波峰，亦可通过向焊料池注入氮气来形成，使预先装有元器件的印制板通过焊料波峰，实现元器件焊端或引脚与印制板焊盘之间机械与电气连接的软钎焊。根据机器所使用不同几何形状的波峰，波峰焊系统可分许多种。

波峰焊的流程：将元件插入相应的元件孔中→预涂助焊剂→预烘（温度90～1 000 ℃，长度1～1.2 m）→波峰焊（220～2 400 ℃）→切除多余插件脚→检查。

线路板通过传送带进入波峰焊机以后，会经过某个形式的助焊剂涂敷装置，在这里助焊剂利用波峰、发泡或喷射的方法涂敷到线路板上。由于大多数助焊剂在焊接时必须要达到并保持一个活化温度来保证焊点的完全浸润，因此线路板在进入波峰槽前要先经过一个预热区。助焊剂涂敷之后的预热可以逐渐提升线路板的温度并使助焊剂活化，这个过程还能减小组装件进入波峰时产生的热冲击。它还可以用来蒸发掉所有可能吸收的潮气，稀释助焊剂的载体溶剂，如果这些东西不被去除，它们会在过波峰时沸腾并造成焊锡溅射，或者产生蒸汽留在焊锡里面形成中空的焊点或砂眼。波峰焊机预热段的长度由产量和传送带速度来决定，产量越高，为使线路板达到所需的浸润温度就需要更长的预热区。另外，由于双面板和多层板的热容量较大，因此它们比单面板需要更高的预热温度。

波峰焊接机如图3-17所示。目前波峰焊接机基本上采用热辐射方式进行预热，最常用的波峰焊预热方法有强制热风对流、电热板对流、电热棒加热及红外加热等。在这些方法中，强制热风对流通常被认为是波峰焊机预热工艺里最有效的热量传递方法。在预热之后，线路板用单波（λ 波）或双波（扰流波和 λ 波）方式进行焊接。对穿孔式元件来讲单波就足够了，线路板进入波峰时，焊锡流动的方向和板子的行进方向相反，可在元件引脚周围产生涡流。这就像是一种洗刷，将上面所有助焊剂和氧化膜的残余物去除，在焊点到达浸润温度时形成浸润。

图3-17　波峰焊接机

2. 再流焊生产工艺过程

再流焊是伴随微型化电子产品的出现而发展起来的焊接技术，主要应用于各类表面组装元器件的焊接。这种焊接技术的焊料是焊锡膏。再流焊的流程是预先在电路板的焊盘上涂上适量和适当形式的焊锡膏，再把表面贴装技术（Surface Mounted Technology，SMT）元器件贴放到相应的位置；焊锡膏具有一定黏性，使元器件固定；然后让贴装好元器件的电路板进入再流焊设备。传送系统带动电路板通过设备里各个设定的温度区域，焊锡膏经过干燥、预热、熔化、润湿、冷却，将元器件焊接到印制板上。再流焊接机如图3-18所示。

表面贴装技术作为新一代电子装联技术已经渗透到各个领域，SMT 产品具有结构紧凑、体积小、耐振动、抗冲击、高频特性好、生产效率高等优点。SMT 在电路板装联工艺中已占据了领先地位。

SMT 是目前电子组装行业里最流行的一种技术和工艺。表面贴装技术是新一代电子组装技术，它将传统的电子元器件压缩成为体积只有几十分之一的器件，从而实现了电子产品组装的高密度、高可靠、小型化、低成本以及生产的自动化。这种小型化的元器件称为SMY 器件（或称 SMC、片式器件）。将

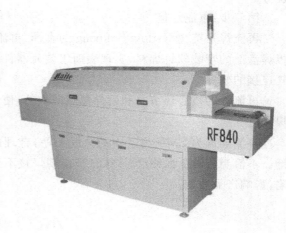

图 3-18　再流焊接机

元件装配到印制板（或其他基板）上的工艺方法称为 SMT 工艺。相关的组装设备则称为SMT 设备。目前，先进的电子产品，特别是在计算机及通讯类电子产品，已普遍采用SMT 技术。国际上 SMD 器件产量逐年上升，而传统器件产量逐年下降，因此随着时间的推移，SMT 技术将越来越普及。

SMT 是一项综合的系统工程技术，其涉及范围包括基板、设计、设备、元器件、组装工艺、生产辅料和管理等。SMT 设备和 SMT 工艺对操作现场要求电压要稳定，要防止电磁干扰，要防静电，要有良好的照明和废气排放设施，对操作环境的温度、湿度、空气清洁度等都有专门要求，操作人员也应经过专业技术培训。

典型的表面贴装工艺分为三步：施加焊锡膏—贴装元器件—再流焊接。

第一步：施加焊锡膏

其目的是将适量的焊膏均匀的施加在 PCB 的焊盘上，以保证贴片元件与 PCB 相对应的焊盘在再流焊接时，达到良好的电器连接，并具有足够的机械强度。

焊膏是由合金粉末、糊状焊剂和一些添加剂混合而成的具有一定黏性和良好触便特性的膏状体。常温下，由于焊膏具有一定的黏性，可将电子元器件粘贴在 PCB 的焊盘上，在倾斜角度不是太大，也没有外力碰撞的情况下，一般元件是不会移动的，当焊膏加热到一定温度时，焊膏中的合金粉末熔融再流动，液体焊料浸润元器件的焊端与 PCB 焊盘，冷却后元器件的焊端与焊盘被焊料互联在一起，形成电气与机械相连接的焊点。

焊膏是由专用设备施加在焊盘上，其设备有全自动印刷机、半自动印刷机、手动印刷

台、半自动焊膏分配器等。

第二步:贴装元器件

本工序是用贴装机或手工将片式元器件准确地贴装到印好焊膏或贴片胶的 PCB 表面相应的位置。

人工手动贴装主要工具有真空吸笔、镊子、IC 吸放对准器、低倍体视显微镜或放大镜等。

第三步:再流焊接

再流焊是英文 Reflow Soldring 的直译,再流焊工艺是通过重新熔化预先分配到印制板焊盘上的膏装软钎焊料,实现表面组装元器件焊端或引脚与印制板焊盘之间机械与电气连接的软钎焊。

再流焊的核心环节是利用外部热源加热,使焊料熔化而再次流动浸润,完成电路板的焊接过程。

再流焊作为 SMT 生产中的关键工序,合理的温度曲线设置是保证再流焊质量的关键。不恰当的温度曲线会使 PCB 板出现焊接不全、虚焊、元件翘立、焊锡球过多等焊接缺陷,影响产品质量。

小　　结

焊接是通过加热、加压,或两者并用,使两工件产生原子间结合的加工工艺和联接方式。在生产中应用较多的焊接方法主要有熔焊、电阻焊和钎焊 3 类。电子产品安装工艺中的所谓"焊接"就是软钎焊的一种,主要用锡、铅等低熔点合金做焊料,因此俗称"锡焊"。锡焊技术采用以锡为主的锡合金材料作焊料,在一定温度下焊锡熔化,金属焊件与锡原子之间相互吸引、扩散、结合,形成浸润的结合层。能被锡焊料润湿的金属才具有可焊性,对黄铜等表面易于生成氧化膜的材料,可以借助于助焊剂。

要使焊接成功,必须形成扩散层或称合金层,而要形成合金层,必须满足的条件是:两金属表面能充分接触,中间没有杂质隔离;温度足够高,时间足够长,冷却时,两个被焊物的位置必须相对固定。

电烙铁的工作原理简单地说就是一个电热器在电能的作用下,发热、传热和散热的过程。在手工锡焊过程中担任着加热被焊金属、熔化焊料、运载焊料和调节焊料用量的多重任务。

焊接完成后,检验焊接质量有多种方法,比较先进的方法是用仪器进行。而在通常条件下,则采用观察法和用烙铁重焊的方法来检验,通过可疑虚焊点的重新焊接来保证产品的性能,提高产品的可靠性。

思考与复习题

1. 简述焊接的本质及一个良好焊点形成的必要条件。

2．简述焊料与助焊剂的功能。

3．叙述电烙铁的功能、构造及工作原理。

4．烙铁头的温度高低对焊接工作有什么影响？

5．简述常用的焊接设备及其功能。

6．焊锡和焊剂有哪些，它们在焊接中各起什么作用？

7．焊接前要进行哪些准备？

8．按照手工焊接的焊接手法练习焊接。

9．什么是接触角？

10．根据接触角判别自己焊接的焊点的优劣程度。

11．简述得到良好焊点的条件。

12．简述 SMT 装配工艺过程。

第 4 章

安 装 工 艺

【内容提要】

本章主要介绍电子产品安装前的相关准备工艺,安装过程中的紧固、连接以及总装工艺;介绍典型元器件的手工安装;对表面安装工艺简介的同时,也对制作和焊接表面贴片印制电路板做出一定的说明,并提出相关的要求。

【本章重点】

1. 普通元器件和表面贴片元器件的安装和焊接。
2. 制作和焊接表面贴片印制电路板的方法和要求。

安装是电子产品生产过程中的基本工艺和必要阶段。安装就是将组成产品的元器件和零件、部件、材料等按图样装接在规定位置上,即将产品各个构件之间通过各种连接方式,组装成具有独立功能的新的构件,直至最终组装成电子产品的过程。

电子产品的安装大致可分为安装准备、装联、调试、检验、包装等阶段,本章只讨论安装准备和装联两项内容。

4.1 安装概述

4.1.1 安装工艺的整体要求

一个电子整机产品的安装是一个复杂的过程,它是将品种及数量繁多的电子元器件、机械安装件、导线、材料等,采用不同的连接方式和安装方法,分阶段、有步骤地结合在一起的一个工艺过程。安装工艺要以安全高效地生产出优质产品为目的,应满足下面几点要求。

(1) 保证安全使用。电子产品安装时,安全是首要大事,不良的装配不仅直接影响产品的性能,而且会造成安全隐患。

(2) 确保安装质量。即成品的检验合格率高,技术指标一致性好。

(3) 保证足够的机械强度。在电子产品中,特别是大型电子产品中,对于质量较大或比较重要的电子元器件、零部件,考虑到运输、搬动或设备本身带有活动的部分(如洗衣机、电风扇等),安装时要保证足够的机械强度。

(4) 尽可能地提高安装效率,在一定的人力、物力条件下,合理安排工序和采用最佳操作方法。

（5）确保每个元器件在安装后能以其原有的性能在整机中正常工作。也就是不能因为不合格的安装过程而导致元器件的性能降低或改变参数指标。

（6）制定详尽的操作规范。对那些直接影响整机性能的安装工艺,尽可能采用专用工具进行操作。

（7）工序安排要便于操作,便于保持工件之间的有序排列和传递。在安装的过程中,要把大型元器件、辅助部件组合安装在机架或底板上,安装时遵循的原则是:先轻后重,先小后大,先铆后装,先装后焊,先里后外,先下后上,先平后高,上道工序不得影响下道工序,下道工序不得改动上道工序。

4.1.2　安装的工艺流程

安装工艺因产品而异,没有统一的流程,可以根据具体产品来安排一定的工艺流程。如以印制电路板的流动为线索来表示某种电子产品安装的主要过程,还有大量细节以及辅助工作,如生产前各种设备的预热调试工作,各种辅料辅件、工模夹具的准备工作等。另外,安装的工艺流程要考虑到产品的安装效益。

4.1.3　安装工艺中的紧固和连接

电子产品的元器件之间,元器件与机板、机架以及与外壳之间的坚固连接方式主要有焊接、压接、插装、螺装、铆接、粘接、卡口扣装等。

1. 焊接

焊接是电子产品中主要的安装方法,在第 3 章中有专门讲述。

2. 压接

压接是用专门的压接工具(如压接钳),在常温的情况下对导线、零件接线端子施加足够的压力,使本身具有塑性或弹性的导体(导线和压接端子)变形,从而达到可靠的电气连接。压接的特点是简单易行,无须加热,而且金属在受压变形时内壁产生压力而紧密接触,破坏表面氧化膜,产生一定的金属互相扩散,从而形成良好的连接;不需第三种材料的介入,压接点的电阻等器件很容易做得比焊接还低。

3. 插接

插接是利用弹性较好的导电材料制成插头、插座,通过它们之间的弹性接触来完成紧固。插接主要用于局部电路之间的连接以及某些需要经常拆卸的零件的安装。通常很多插接件的插接都是压接和插接的结合连接。

插接安装时应注意如下几个问题。

（1）必须对号入座。设计时尽量避免在同一块印制板上安排两个或两个以上完全相同的插座,且不允许互换使用插座,否则安装时容易出错。万一有这种情形,组装或修理时就要特别留意。

（2）注意对准插座再插入插件。插件插入时用力要均衡,要插到位,插入时尽可能在插座的反面用手抵住电路板后再加力,以免电路板过度地弯折而受损。

（3）注意锁紧装置。很多插件都带有辅助的锁紧装置,安装时应该及时将其扣紧、锁死。

4．螺装

用螺钉、螺母、螺栓等螺纹连接件及垫圈将各种元器件、零部件坚固安装在整机上各个位置上的过程，称为螺装。这种连接方式具有结构简单、装卸方便、工作可靠、易于调整等特点，在电子整机产品装配中得到了广泛应用。

电子产品中使用螺钉、螺母、螺栓时要注意以下问题。

（1）分清螺纹。要分清是金属螺纹还是木制螺纹，是英制螺纹还是公制螺纹，是精密螺纹还是普通螺纹，不同的螺纹安装方法会有所不同。

（2）选定型号。要选定具体采用哪一种型号的螺钉，是自攻螺钉还是非自攻螺钉，是沉头螺钉还是非沉头螺钉，各种型号之间是不能随便代用的。

（3）确定材质。确定用的是铜螺钉还是钢螺钉。如果用于电气连接的场合，往往采用铜螺钉，导电率高且不易生锈。当两个电接头的导电面可以直接相贴，电流可以不经螺杆时，则采用钢螺钉会有更好的结合强度。

（4）选好规格。坚固无螺纹的通孔零件时，让孔径比螺杆大 10% 以内为宜；螺钉长度以旋入四扣丝以上或露出螺母一扣丝、二扣丝为宜，过短不可靠，过长则影响外观，降低工作效率。

（5）加有垫圈。安装孔偏大或荷载较重时要加垫平垫圈；被压材质较脆时要加纸垫圈；电路有被短路的危险时要加绝缘垫圈；需耐受震动的地方必须加弹簧垫圈，弹簧垫圈要紧贴螺母或螺钉头安装；对金属部件应采用钢性垫圈。

（6）选好工具。起子或扳手的工作端口必须棱角分明，尺寸和形状都要与螺钉或螺母十分吻合；手柄要大小适度，电批和风批则要调好力矩。

（7）松紧方法。拧紧长方形的螺钉组时，须从中央开始逐渐向两边对称扩展。拧紧方形工件和圆形工件时，应交叉进行。无论装配哪一种螺钉组，都应先按顺序装上螺钉，然后分步骤拧紧，以免发生结构变形和接触不良的现象。用力拧紧螺钉、螺母、螺栓时，切勿用力过猛，以防止滑丝。拧紧或拧松螺钉、螺母或螺栓时，应尽量用扳手或套筒使螺母旋转，不要用尖嘴钳松紧螺母。

5．铆接

铆接是指用各种铆钉将零件或部件连接在一起的操作过程。有冷铆和热铆两种方法。在电子产品装配中，常用铜或铝制作的各种铆钉，采用冷铆进行铆接。铆接的特点是安装坚固、可靠、不怕震动。铆接时的要求有：

（1）当铆接半圆头的铆钉时，铆钉头应完全平贴于被铆零件上，并应与铆窝形状一致，不允许有凹陷、缺口和明显的裂开；

（2）铆接后不应出现铆钉杆歪斜和被焊件松动的现象；

（3）用多个铆钉连接时，应按对称交叉顺序进行；

（4）沉头铆钉铆接后应与被铆面保持平整，允许略有凹下，但不得超过 0.2 mm；

（5）空头铆钉铆紧后扩边应均匀、无裂纹，管径不应歪扭。

6．粘接

粘接也称胶接，是将合适的胶粘剂涂敷在被粘物表面，因胶粘剂的固化而使物体结合的方法。粘接是为了连接异形材料而经常使用的。如陶瓷、玻璃、塑料等材料，均不宜采用焊接、螺装和铆装。在一些不能承受机械力、热影响的地方(如应变片)粘接更有独到之处。

形成良好的粘接有 3 个要素:适宜的粘剂、正确的粘接表面处理和正确的固化方法。常用的黏合剂有:快速黏合剂聚丙烯酸酯胶(501 胶、502 胶),环氧类黏合剂,导电胶、导磁胶、热熔胶、压敏胶和光敏胶等。

粘接与其他安装、连接方式相比,具有以下特点:

(1) 应用范围广,任何金属、非金属几乎都可以用黏合剂来连接;

(2) 粘接变形小,避免了铆接时受冲击力和焊接时受高温的作用,使工件不易变形,常用于金属板、轻型元器件和复杂零件的连接;

(3) 具有良好的密封、绝缘、耐腐蚀的特性;

(4) 用黏合剂对设备和零件、部件进行复修,工艺简单,成本低;

(5) 粘接的质量的检测比较困难,不适宜于高温场合,粘接接头抗剥离和抗冲击能力差,且对零件表面洁净程度和工艺过程的控制比较严格。

7. 卡口扣装

为了简化安装程序,提高生产效率,降低成本,以及为了美观,现代电子产品中越来越多地使用卡口锁扣的方法代替螺钉、螺栓来装配各种零部件,充分利用了塑性和模具加工的便利。卡装有快捷、成本低、耐振动等优点。

4.2 安装准备工艺

在安装前,将各种零件、部件、导线等进行预加工处理的工作,称为安装准备。做好安装准备能保证各道安装工序的质量,提高工作效率。主要体现在材料和元器件集中加工情况下,利用率高,实现了工序分散,操作单一,易于专业化,可减少人力和工时的消耗,以提高效率。

安装准备项目的多少是根据产品的复杂程度和生产效率高低的要求决定的。我们介绍一下常用的安装准备,如导线加工、元器件的检验、老化和筛选及引脚的预处理、上锡等。

4.2.1 器件的检验、老化和筛选

通常,任何安装工程在实施之前都必须对其所用器材进行测试和检验。这一点对于电子产品的安装显得尤为重要,因为电子产品线路复杂,单机所拥有的元器件数目往往都很大,整机的正常工作有赖于每一个元器件的可靠,在电路中即使只用了一个不合格的元器件,所带来的麻烦和损失将是无法估计的。因此安装时常要对所有的元器件再进行一次检验,较严格的还要进行老化和筛选。

1. 元器件的检验

所谓检验,就是按有关的技术文件对元器件的各项性能指标进行检查,包括检查外观尺寸和测试电气性能两个方面。

凡是成熟的电子产品一定会有三大技术文件:技术文件、工艺文件和质量管理文件。其对元器件的技术要求及测试方法一般都规定得很细,并具有非常强的可操作性,对元器件的检验大多可以照本宣科地进行。至于标准件(如螺钉、螺母)的检验,则可以参照相关

的国家标准进行。

大批量生产的元器件,其检验可以采样进行,但样本的抽取方法,样本质量及受检对象合格与否的判定等,都必须根据质量管理文件,按照国家标准(GB2828－87、GB2829－87)严格执行;小批量生产或者试制的元器件,一定要全检。尚无标准文件的则更要做好检验时的数据记录,为以后文件的编写做好准备。

2. 老化和筛选

对于某些性能不稳定的元器件,或者可靠度要求特别高的元器件,还必须经过老化和筛选处理。

老化和筛选是配合着进行的。其目的就是要剔除那些含有某种缺陷,用通常的检验看不出问题,但在恶劣条件下,时间稍长就会出问题的元器件。

所谓老化和筛选,无非就是模拟该元器件将要遇到的最恶劣工作环境中的各种条件,成批地让其经受一段时间。或者还加上工作电流、电压等,促使其进一步定性后再来测量,剔除其参数变坏者,筛选出性能合格又稳定的元器件。

老化的常规项目有:高温存储、高低温循环温度冲击、功率老化,冲击、振动、跌落、高低温测试和高温冲击等。

老化筛选选用哪些项目应该根据每一种元器件的性质来设计,而每一种项目采用的具体条件和参数则牵涉到产品的整机质量和成本。过严,将造成不必要的浪费,提高成本;过松,则会降低产品的可靠度,产品质量达不到要求。

4.2.2　元器件的预处理

安装过程中使用的元器件对于生产厂家来说是最终的成品。由于作为商品要考虑其通用性,或者由于包装、存储的需要,外购件不会完全符合安装的要求,为此,有些外购件必须在安装之前做预先处理。

1. 印制电路板的预处理

批量电路板的预处理:电路板生产企业按照设计图纸成批生产出来的电路板通常不需要处理即可投入使用。这时,最重要的是做好来料的采样检验工作,即应检查基板的材料和厚度,铜箔电路腐蚀的质量,焊盘孔是否打偏,通孔的金属化质量如何等。应该按照订货合同认定的质量标准进行。若是首批样品,还需通过试装几部成品整机来检验。

少量电路板的预处理:手工腐蚀出来的少量试制用电路板,则要进行打孔、砂光、涂松香酒精溶液等工作。

2. 元器件引脚上锡

某些元器件的引脚因材料性质,或因长时间存放而氧化,导致可焊性变差。这时必须去除氧化层,上锡后再装,否则极易造成虚焊。去除氧化层的方法有多种,但对于少量的元器件,手工刮削的办法较为易行可靠。

大规模批量生产的元器件,在焊接中基本不用上锡,焊接质量完全由元器件引脚当时的可焊性来保证。因此,要选择好元器件的进货渠道,缩短元器件的仓储时间,做好投产前的可靠性检验工作。

4.2.3　导线的加工

我们仅以多芯绝缘导线为例简述导线的加工流程,其流程为:开线剪切、绝缘层剥头、多股芯线捻头、上锡、标记打印、分类捆扎。绝缘导线的加工过程中,其绝缘层不能损坏或烫伤,否则会降低绝缘性能。

1. 开线剪切

应先剪切长导线,后剪切短导线,避免线材浪费。剪切时,应将绝缘导线或细裸铜线拉直后再剪,剪切导线应按工艺文件的导线加工表进行,一般剪切长度常用 5 的倍数的规范化长度进行,并且应符合公差要求。

2. 绝缘层剥头

将绝缘导线的两端各除掉一段绝缘层而露出芯线的操作叫剥头。剥头时不能损坏芯线。剥头的长度应符合工艺文件导线加工表的要求,其常规尺寸有 2 mm、5 mm、10 mm、15 mm 等,可视具体要求而定。

3. 捻头

多股芯线在剥头之后有松散现象,需要捻紧以便上锡。捻头时要捻紧,不可散股也不可捻断,捻过之后的芯线,其螺旋角一般应在 40°左右。

4. 上锡

绝缘导线经剥头和捻头之后,应在较短的时间内上锡,时间太长则容易产生氧化层,导致上锡不良。芯线上锡时不应触到绝缘层端头。上锡的作用是提高导线的可焊性。

导线上锡时,对焊料、助焊剂、清洗和散热剂都有一定要求。导线上锡一般为多根导线一起上,特别是浸焊法上锡时,先将导线高低整理齐,放入焊剂中浸 2、3 秒钟,这样反复进行 3、4 次,最后放入冷却液(如酒精)中冷却。

上锡完成后的导线质量要求如下:芯线应表面光滑可焊,不应有毛刺;多根导线不应出现并焊、上锡不匀、弯曲等现象;不应烫伤导线的绝缘层。

5. 标记打印

导线打印标记是为了在安装、焊接、调试、检验、维修时分辨方便而采用的措施。标记一般应打印在导线的两端,可用文字、符号、数字、颜色加以区分、标记。具体办法可参照有关国家标准和部颁标准。

6. 分类捆扎

完成以上各道工序后,应进行整理捆扎,捆扎要整齐,导线不能弯曲,每捆按产品配套数量的根数捆扎。

4.3　典型元器件的安装

元器件的安装顺序应以上一道工序不影响下一道工序的正常进行为原则。本节以手工安装为基础讲述各种典型元器件的安装。

4.3.1　集成电路的安装

集成电路(IC)芯片的安装应注意以下几点:

（1）拿取时必须确保人体不带静电；焊接时必须确保电烙铁不漏电。应谨防集成电路被静电击穿和电烙铁漏电击穿。

（2）印制电路板上安装集成电路时，要注意方向不要装反。否则，通电时集成电路很可能被烧毁。一般规律是：集成电路引脚朝上，以缺口或打有一个点"●"或竖线条为准，再按逆时针方向排列。如果是单列直插式集成电路，则以正面（印有型号商标的一面）朝自己，引脚朝下，引脚编号顺序一般从左到右排列。除了以上常规的引脚方向排列外，也有一些引脚方向排列较为特殊，应引起注意，这些大多属于单列直插式封装结构，它的引脚方向排列刚好与上面所说的相反。

（3）安装前要确保各引脚平直、清洁、排列整齐、间距正常。

（4）穿孔插装时，要让所有的引脚都套进去后再往下插，插到位。

（5）插好集成电路后要及时将对角或两端的两个引脚弯脚，以免焊接之前有变动。

（6）带散热器的集成电路应先安装散热器，待散热器和底板固定好以后再来焊接集成电路的引脚。散热片与集成电路之间不要夹进灰尘、碎屑等东西，中间最好使用硅脂，用以降低热阻。

（7）某些功率较大，发热比较厉害的集成电路，焊接前应将其引脚做出一定的成型弧形，以作为热胀冷缩的缓冲，避免因焊点老化而引起的虚焊故障。

如图 4-1 所示为双列直插集成芯片的安装。

图 4-1　双列直插集成芯片的安装

4.3.2　集成电路插座的安装

在安装集成电路的插座时，同样要注意方向问题，要注意让有缺口标记的一端作为芯片 1 脚所在的一端装入。特别要注意每个引脚的焊接质量，因为集成电路插座的引脚的可焊性差，容易出现虚焊，焊接时可适当采用活性较强的焊剂，焊后应加强清洗。

4.3.3　电阻的安装

安装电阻时要注意区分同一电路中阻值相同而功率不同、类型不同的电阻，不要互相插错。安装大功率的电阻时要注意与底板隔开一定的距离，最好使用专用的金属支架支撑，与其他元器件也要保持一定的距离，以利于散热。小功率电阻多采用卧式安装，并且要贴近底板，以减少引线带来的引线电感，一般电阻也可以采用竖式安装。安装热敏电阻时要让电阻紧靠发热体，并用导热硅脂填充两者之间的空隙。由于电阻没有方向，在电路板上安装的时候直接弯曲好管脚安装即可,如图 4-2 所示(以电阻竖式安装图为例)。

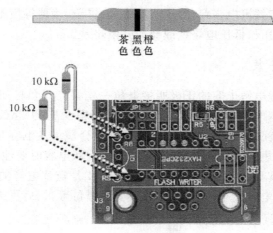

图 4-2　电阻的安装

4.3.4　电感的安装

固定电感如同电阻一般,其引脚与内部导线的接头部位比较脆弱,安装时要注意保护,不能强拉硬拽。没有屏蔽罩的电感在安装时应注意与周围元器件的关系,要避免漏感交联。

多绕组电感、耦合变压器,在分清初、次级之后还要进一步分清各绕组间的同名端。可变电感安装的焊接时间不能太长,以免塑料骨架受热变形影响调节。调频空心线圈安装时要注意插到位,摆好位置,焊接完后要保持调整前的密绕状态,还要注意绕组绕向的方向,若绕向不对,插装后电感的磁场也不尽相同。

4.3.5　晶体管的安装

晶体管的安装要注意方向。在安装晶体管时要注意分清它们的型号、引出脚的次序,要防止焊接过程中造成对它们的损伤。安装晶体三极管时,管体上部的半圆形和电路板上有丝印的半圆形方向一致地插入焊接(如图 4-3 所示)。如果方向不对,不仅不能正常工作,而且还有可能破坏晶体管,所以要十分注意安装方向。安装塑料封装大功率三极管时,要考虑集电极与散热器之间的绝缘问题。

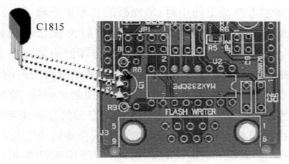

图 4-3　三极管的安装

二极管的引脚也有正负之分,不能插反。安装绝缘栅型专场效应管等器件时,应注意防止被静电击穿和电烙铁漏电击穿,除了实施中和、屏蔽、接地等措施外,焊接时应顺序焊接漏、源、栅极,最好采用超低压电烙铁或储能式电烙铁。

4.3.6 电容的安装

铝质电解电容及钽电解电容的正极所接电位一定要高于负极所接电位,否则将会增大损耗。尤其是铝电解电容,极性接反工作时将会急剧发热,引起鼓泡、爆炸。安装可变电容、微调电容时也要注意极性问题。安装有机薄膜介质可变电容时,要先将动片全部旋入后再焊接,要尽量缩短焊接时间。安装穿芯电容、片状电容时要注意保持表面清洁。安装瓷片电容时要注意其耐压级别和温度系数。图 4-4 是瓷片电容的安装,虽然瓷片电容没有极性,但要注意其电容大小的区别,注意不要插错位置,然后再进行焊接。

图 4-4　电容的安装

4.3.7 继电器的安装

将继电器焊接在印制电路板上使用时,印制板的孔距要正确,孔径不能太小。当必须扳动引出端时,应首先将引出端在距底板 3 mm 处固定后再扳动和扭转。直径大于或等于0.8 mm的引出端则不允许扳动和扭转。继电器底板与印制板之间应有大小于0.3 mm的间隙,这样可保护引出端根部不受外力损伤,也便于焊后清洗时清洗液的流出和挥发。焊孔式和焊钩式引出端在焊接引线和焊下引线过程中都不能使劲绞导线、拉导线,以免造成引出端松动。对螺孔和螺栓引出端,安装时其扭矩应小于一定的值。如果安装时继电器不慎掉落在地,由于受强冲击,内部可能受损,应隔离、检验,确认合格后才能使用。

继电器引出端的焊接应使用中性松香焊剂,不应使用酸性焊剂,焊接后应及时清洗、烘干。焊接用的电烙铁以 30～60 W 为宜,烙铁顶端温度在 280～330 ℃范围内为好,焊接时间应不大于 3 秒。自动焊接时,焊料温度以 260 ℃为宜,焊接时间不大于 5 秒。非密封继电器在焊接和清洗过程中,切勿让焊剂、清洗液污染继电器内部结构,而密封继电器和可清洗式塑封继电器都可进行整体浸洗。

对有抗振要求的继电器,合理选择安装方式可避免或减少振动放大,最好使继电器受到的冲击和振动的方向与继电器衔铁的运动方向相垂直,尽量避免选用顶部螺钉安装或顶部支架安装的继电器。

4.3.8 中周的安装

中周实际上是一个小型的高频可变电感或变压器,由外壳塑料支架、磁芯等组成,有的还内附谐振电容。同一块机板上往往要安装几只外观一样而参数不同的中周,因此要注意分清型号。安装时要插到位,由于外壳的可焊接性较差,散热又快,其上两个固定脚较难上锡,焊接时间稍长就会使得里面的塑料支架变形而卡死磁芯,变得不能调节,可以改用工作温度高的电烙铁焊接。因为中周胶木座中的引脚大多形状简单,装好后不能承受向上拉扯或承受横向撞击的力,否则很有可能拉松引脚而造成内部引线的断线。另外,其胶木座在整体浸焊或自动焊接时会吸收焊剂,因此对助焊剂的电阻率指标有较高的要求。

4.3.9 插接件的安装

插接件的插座在电路板上焊接时,应该将插头插上以后再焊,以免某些热塑性插座的铜芯焊接时歪斜,排列距离发生变化。如图 4-5 所示为连接器的安装,把连接器插在电路板的孔上,然后焊牢就可以了。

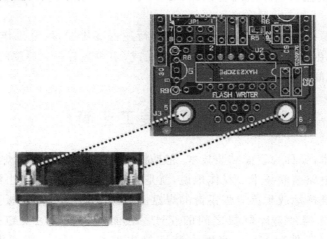

图 4-5 插接件的安装

4.3.10 散热器的安装

大功率半导体器件一般都安装在散热器上,在安装散热器时应注意以下事项:

(1) 器件与散热器之间的接触面要平整、清洁,装配孔距要准确,防止装紧后安装件变形,从而导致实际接触面积减小、界面热阻增加;

（2）散热器上的紧固件要拧紧，保证良好的接触，以利于散热；

（3）为使接触面密合，往往在安装接触面上涂些硅脂，以提高散热效率；

（4）散热部件应在机器的边沿、风道等容易散热的地方，有利于提高散热效果；

（5）先固定散热器件，然后再焊接元器件。

4.3.11　特殊元器件的安装

所谓特殊元器件是指那些只在特定的电子产品中才采用的元器件，例如，收音机的接线调谐机构；电视机的显像管控制器的传感件、执行件等。安装这些元器件时一定要充分了解其结构，了解其物理、电气性能以及它在整机中的工作方式，弄清影响其工作性能的关键参数是什么，研究清楚安装工艺本身及安装后的工作环境会对其产生的影响，找出一套正确的安装方法。

4.3.12　电源变压器的安装

电源变压器工作时，因本身会有一定的损耗而发热，安装时要注意散热、通风。同时，其铁芯泄漏的交流磁场很容易被周围的元器件拾取，因此安装时要注意远离电路的输入极，尽量加装电磁屏蔽，在有些仪器设备中（如示波器），还要通过试验将其调整到一定的方位和角度来安装。大功率变压器要注意压紧铁芯硅钢片，尽量降低电磁振动所产生的交流声。安装到机架上去时，螺钉或螺母上一定要加垫弹簧圈。某些变压器的铁芯上有安装螺杆的孔位，为了避免增加额外的涡流损耗，安装螺杆和压铁时应注意不能在磁回路的横截面上形成闭合回路，必要时应该在某个螺母与压铁或与底板之间加绝缘垫。

开关稳压电源中的电源变压器及电视机的行逆程变压器，均是工作在含有直流成分的电路中，其铁芯由分成两半的铁氧磁芯对合而成，中间垫有一定厚度的间隙纸。不要随意拆开磁芯，以免间隙变化，影响变压器的性能。

4.4　表面安装工艺简介

表面安装技术，又称为表面贴装技术，它是将表面贴装元器件贴、焊到印制电路板表面规定位置上的电路装联技术。具体地说，就是首先在印制板电路盘上涂布焊锡膏，再将表面贴装元器件准确地放到涂有焊锡膏的焊盘上，通过加热印制电路板直至焊锡膏熔化，冷却后便实现了元器件与印制板之间的互连。表面安装技术主要包括表面安装元件（SMC）、表面安装器件（SMD）、表面安装印制电路板（SMB）、普通混装印制电路板（PCB）、点胶粘剂、涂焊料膏、元器件安装设备、焊接技术、检测技术等，其主要特点如下。

1. 组装密度高

SMT片式元器件比传统穿孔元器件的所占面积和质量都大为减小，一般来说，采用SMT可使电子产品体积缩小 60％，质量减轻 75％。通孔安装技术的元器件，按 2.54 mm网格安装元件，而 SMT 组装元件网格从 1.27 mm 发展到目前的 0.63 mm 网格，个别达0.5 mm网格的安装元件，密度更高。例如一个 64 端子的 DIP 集成块，它的组装尺寸为

25 mm×75 mm,而同样端子采用引线间距为 0.63 mm 的方形扁平封装集成块(QFP),它的组装尺寸仅为 12 mm×12 mm。

2. 可靠性高

由于片式元器件小而轻,抗振动能力强,自动化生产程度高,故贴装可靠性高。一般不良焊点率小于 10%,比通孔插装元件波峰接技术低一个数量级,用 SMT 组装的电子产品平均无故障时间(MTBF)为 $2.5×10^5$ h,目前几乎有 90% 的电子产品采用 SMT 工艺。

3. 高频特性好

由于片式元器件贴装牢固,器件通常为无引线或短引线,降低了寄生电容的影响,提高了电路的高频特性。采用片式元器件设计的电路最高工作频率达 3 GHz。而采用通孔元件仅仅为 500 MHz。采用 SMT 也可缩短传输延迟时间,可用于时钟频率为 16 MHz 以上的电路。若使用多芯模块 MCM 技术,计算机工作站的端时钟频率可达 100 MHz,由寄生电抗引起的附加功耗可大大降低。

4. 降低成本

印制板的使用面积减小,为采用通孔面积的 1/12,若采用 CSP 安装,则面积还可大幅度下降;频率特性提高,减少了电路调试费用;片式元器件体积小,重量轻,减少了包装、运输和储存费用;片式元器件发展快,成本迅速下降,一个片式电阻已同通孔电阻价格相当,约 0.3 美分,合 2 分人民币。

5. 便于自动化生产

目前穿孔安装印制板要实现完全自动化,还需扩大 40% 原印制板面积,这样才能使自动插件的插装头将元件插入,若没有足够的空间间隙,将碰坏零件。而自动贴片机采用真空吸嘴吸放元件,真空吸嘴小于元件外形,可提高安装密度,事实上小元件及细间距器件均采用自动贴片机进行生产,也实现全线自动化。

当然,SMT 的生产中也存在着一些问题:

(1) 元器件上的标称数值看不清楚,维修工作困难;

(2) 维修调换器件困难,并需专用工具;

(3) 元器件与印制板之间热膨胀系数(CTE)一致性差;

(4) 初始投资大,生产设备结构复杂,涉及技术面宽,费用昂贵。

随着专用拆装及新型的低膨胀系数印制板的出现,它们已不再成为阻碍 SMT 深入发展的障碍。

4.5　表面安装元器件

表面安装元器件也称贴片元器件,它有两个显著特点。

(1) 在 SMT 元器件的电极上,有些完全没有引出线,有些只有非常短小的引线,相邻电极之间的距离比传统的双列直插式的引线距离(2.54 mm)小很多,目前间距最小的达到 0.3 mm。与同样体积的传统芯片相比,SMT 元器件的集成度提高了很多倍。

(2) SMT 元器件直接贴装在印制电路板的表面,将电极焊接在与元器件同一面的焊盘上。这样,印制板上的通孔只起到电路连通导线的作用,孔的直径仅由制板时金属化孔的工艺水平决定,通孔的周围没有焊盘,使印制板的布线密度大大提高。

表面安装元器件同传统元器件一样,也可以从功能上分为无源元件 SMC(Surface Mounted Components,如片式电阻、电容、电感等)和有源器件 SMD(Surface Mounted Devices,如晶体管等)。以下介绍常用的贴片元器件。

1. 电阻器

表面贴装电阻通常比穿孔安装电阻体积小。有矩形 chip、圆柱形 MELF 和电阻网络 SOP 3 种封装形式。与通孔元件相比,具有微型化、无引脚、尺寸标准化,特别适合在 PCB 板上安装等特点。

电阻器按功能和形状可分为如下 4 类。

(1)矩形电阻器,又称为片状电阻器,结构图如图 4-6 所示。

图 4-6　片状封装电阻器结构

(2)圆柱形电阻器。圆柱形电阻器的形状与有引线电阻器相比,只是去掉了轴向引线。

(3)电阻网络。表面安装电阻器网络是将多个片状矩形电阻按设计要求连接成的组合元件,其封装结构与含有集成电路的封装相似,采用"SO"封装。其焊盘图形设计标准,可根据电路需要加以选用。

(4)电位器。常用的片状电位器分为敞开式和防尘式两类,它的结构如图 4-7 所示。

图 4-7　贴片电位器

2. 电容器

表面安装电容器又称为片状电容器。目前用得比较多的有如下几种。

(1)多层瓷介电容器。它是在陶瓷膜上印刷金属浆料,经叠片,烧结成一个整体。根据容量的需要,少则几层,多则几十层,如图 4-8 所示。

(2)片状铝电解电容器。片状铝电解电容器有矩形和圆柱形两种。矩形与圆柱形的不同是:前者采用在铝壳外再用树脂装的双层结构,后者采用铝外壳,底部装有耐热树脂的底座结构,如图 4-9 所示。

图 4-8　贴片电容

图 4-9　贴片电解电容

(3)片状钽电容。如图 4-10 所示,片状钽电容有 3 种类型:裸片型、模塑型、端帽。

图 4-10　片状钽电容

(4)片状薄膜电容器。它是以有机介质薄膜为介质材料,双侧喷涂铝金属作为内电极。在内电极上覆盖树脂薄膜后通过卷绕方式形成多层电极,两端头电极内层是铜锌合金。外层涂敷锡铝合金,以保证可焊性。

(5)片状云母电容器。它以天然云母作为介质,将银浆印刷在云母片上作为电极,经叠片、热压后形成电容体。

3. 电感器

片状电感的种类很多,按形状可分为矩形和圆柱形,按结构可分为绕线型、多层型和卷绕型。

(1)绕线型片式电感器。它是将导线绕在芯型材料上,小电感用陶瓷作芯料,大电感用铁氧体作芯料,如图 4-11 所示。

(2)多层型电感器。它是由铁氧体和导电液体交替印刷多层,经高温烧结而形成具有闭合电路的整体,导电液烧结后形成的螺旋型导电带相当于磁芯,如图 4-12 所示。

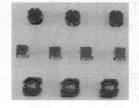

图 4-11　绕线型片式电感器　　　　　　　图 4-12　多层型电感器

（3）小外型封装晶体管。小外型封装晶体管又称为微型片状晶体管。片状三极管常用的封装形式如图 4-13 所示。

图 4-13　片状三极管的封装形式

片状二极管的封装形式如图 4-14 所示。

图 4-14　片状二极管的封装形式

4. 集成电路

随着工艺和加工制作水平的提高，微小型集成电路越来越精巧，规格和型式也趋于多样化。常用的引脚外形有 3 种：翼形、J 形、对接形，如图 4-15 所示。

（a）翼形引脚　　　　　　（b）J 形引脚　　　　　　（c）对接形引脚

图 4-15　常用的引脚外形

芯片载体有塑料和陶瓷封装两类。常见片装集成电路的封装如图 4-16 所示。

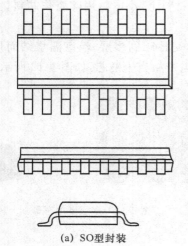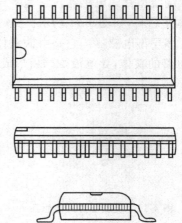

（a）SO 型封装　　　　　　　　　　　　（b）SOL 型封装

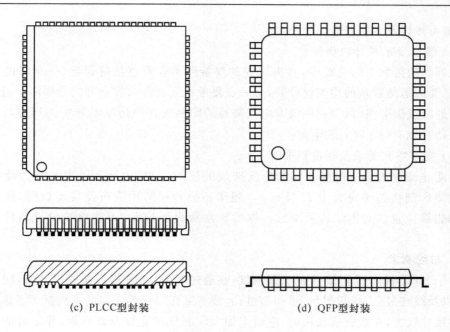

(c) PLCC型封装　　　　　　　　(d) QFP型封装

图 4-16　贴片集成芯片的封装形式

4.5.1　表面安装印制电路板

由于 SMT 的特殊性,传统的印制电路板设计方法也应针对其特点做一些改变。

1. 网络尺寸

表面安装印制电路板的设计中,网络距应采用 2.54 mm(用于英制器件)或者 2.5 mm(用于公制器件),以及它们的倍分数值。如 2.54 mm 的倍分数值为 1.27,0.635,…;2.5 mm的倍分数值为 1.25,0.625,…

2. 布线区域

表面安装印制电路板的布线区域主要取决于以下各因素。

(1) 元器件选型及其引脚

选性价比高的元器件是保证系统性能和经济指标的首要条件。但相同型号、相同性能的元件,又有不同的封装形式和包装形式,而 SMT 生产线设备的技术性能恰好又对元器件的这些形式作出了一些限制,故了解和掌握承担产品生产的 SMT 生产线的技术条件,对 SMT 产品设计中元器件的选择及 PCB 的设计优化很重要。

(2) 元器件形状、尺寸及间距

产品设计时考虑此项因素既能更好地利用现有设备,如贴片机、焊接检测设备等,同时为元器件的合理布局(如对电气性能、生产工艺的考虑等)提供依据,往往因设计而引起的质量问题而在产品生产中很难得以克服。

(3) 连通元器件的布线通道及布线设计

线宽不宜选得太细,在布线密度允许的条件下,应将连线设计得尽量宽,以保证机械强度、高可靠性及方便制造。

(4) 装联要求及导轨槽尺寸

元器件的排列方向与顺序,对再流焊的焊接质量有着直接的影响,一个好的布局设计,除了要考虑热容量的均匀设计外,另一点要考虑元器件的排列方向与顺序。当导轨槽用于接地线或供电线时,与它们没有电气联系的印制板最外边缘的导电图形应与导轨槽外缘保持有 2.5 mm 以上的距离。

(5) 安装空间要求及制造要求

为防止印制板加工时触及印制导线造成的层间短路,内层和外层最外边缘的导电图形距离印制板边缘应大于 1.25 mm。当印制板外层的边缘布设接地线时,接地线可以占据边缘位置。对因结构要求已占据的印制板板面位置,不能再布设元器件和印制导线。

3. 布线要求

由于 SMT 提高了 PCB 上的组装密度,在通过 CAD 系统进行布线设计时,线宽和线间距,以及线与过孔、线与焊盘、过孔与过孔、线与穿孔焊盘等之间的距离都要考虑好。当元器件尺寸较大,布线密度较疏时,应适当加大印制导线宽度及其间距,并尽可能把空余的区域合理地设置接地线和电源线。一般来说,功率(电流)回路的线宽、间距应大于信号(电压)回路,模拟回路的线宽、间距应大于数字回路。

对于多层印制板,当内层不需电镀时,则内层线路应多于外层且采用较细的线条布线。在双层或多层印制板中,相邻两层的印制导线走向宜相互垂直或斜交,应尽量避免平行走向以减少电磁干扰;印制板上同时布设模拟电路和数字电路时,宜将它们的地线系统分开,电源系统分开;高速数字电路的输入端和输出端的印制导线,也应避免平行布线,必要时,其间应加设地线,同时数字信号线应靠近地线布设,以减小干扰;模拟电路输入线应加设保护环,以减小信号线与地线之间的电容。

印制电路上装有高压或大功率器件时,应尽量和低压小功率器件分开,并要确保其连接设计得合理、可靠。

大面积导线(如电源或接地区域),应在局部开设窗口。

印制导线的设计原则是:

(1) 最短走线原则;

(2) 尽量少通过焊盘;

(3) 避免尖角设计;

(4) 均匀、对称的设计;

(5) 充分合理地利用空间。

4. 元器件布置

贴装元器件的线脚间距应与元器件尺寸一致以保证贴装后焊脚尺寸与之吻合。元器件的布置应尽可能地均匀分布,以避免相互干扰。如图 4-17(a)中元器件分布不均匀,而图 4-17(b)中元器件分布均匀合理。

SMD 不应跨越插装元件,如图 4-18 中 A 元件为插装元件,B、C 元件为 SMD,图 4-18(a)

中 B 元件跨越插装元件 A 元件,图 4-18(b)为正确的 SMD 和插装元件分布。

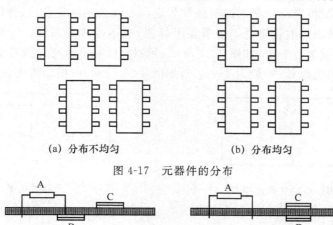

(a) 分布不均匀　　　　　　　(b) 分布均匀

图 4-17　元器件的分布

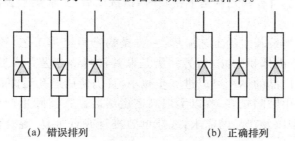

(a) 错误分布　　　　　　　(b) 正确分布

图 4-18　SMD 与插装元件分布

元件的极性排列应尽量一致,如图 4-19 所示,图 4-19(a)中第 2 个二极管极性与另两个二极管极性不同,图 4-19(b)为 3 个二极管正确的极性排列。

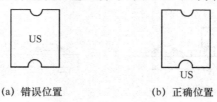

(a) 错误排列　　　　　　　(b) 正确排列

图 4-19　元件的极性排列

另外,大功率元件附近应避开热敏元件,并与其他元件留有足够的距离;较重的元器件应安排在印制板的支撑点附近,以减小印制板变形;元器件排列应有利于空气的流通。元器件位置的改动,特别是多层板上的元器件位置的任何改动,都应经认真分析和试验,以免造成错误的布线。

5. 焊盘设计及印字符号

最小焊盘的边缘尺寸应为 127 μm,焊盘与导线的交接处应镶边,阻焊膜孔应稍大于焊盘。丝网漏印的元件符号,其位置应避免元件贴装后符号被遮盖,以便识别。图 4-20(a)的元件符号位置在焊盘内,元件贴装后遮盖符号,图 4-20(b)为符号的正确标示位置。

US

US

(a) 错误位置　　　　　　　(b) 正确位置

图 4-20　元件符号位置

6. 基准点

SMT 所用印制板应设计和制作基准作为定位点和公共测量点,以便印制板的层间定位和元件定位。基准点的设置既不能覆盖阻焊膜,也不能接近布线。印制板的基准点最好在板的边缘,一般为 2、3 个,如图 4-21 所示;元器件的基准点可设置在元器件的布置区域内或在区域外的边缘处,一般为 1~3 个,如图 4-22 所示,可根据需要设置。

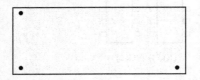

图 4-21　印制板的基准点位置

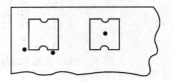

图 4-22　元器件的基准点位置

4.5.2　表面安装工艺

像任何封装元件有它的装配工艺一样,表面安装元件的安装也有自己的要求,称为表面安装工艺。表面安装的步骤是:印上焊膏、放置元件,通过回流焊使元件与印制板上的电路焊接起来,清洗。当有些元件是不密封时,清洗以后,要求烘干去湿,以确保元件恢复正常功能。

SMT 工艺有两类最基本的工艺流程:一类是锡膏再流焊工艺,该工艺流程的特点是简单、快捷,有利于产品体积的减小;另一类是贴片波峰焊工艺,该工艺流程的特点是利用双面板空间,电子产品的体积可以进一步减小,且仍使用通孔元件,价格低廉,但设备要求增多,波峰焊过程中缺陷较多,难以实现高密度组装。在实际生产中,应根据所用元器件和生产装备的类型以及产品的需求,选择单独进行或者重复、混合使用,以满足不同产品生产的需要。

组装好的 SMC/SMD 的电路基板叫做表面组装组件(SMA),它集中体现了 SMT 的特征。在不同的应用场合,对 SMA 的高密度、高功能和高可靠性有不同的要求,只有采用不同的方式进行组装才能满足这些要求。根据电子产品对 SMA 的形态结构、功能要求、组装特点和所用电路基板类型(单面和双面板),将表面组装分为 3 类 6 种组装方式,如图 4-23 所示。

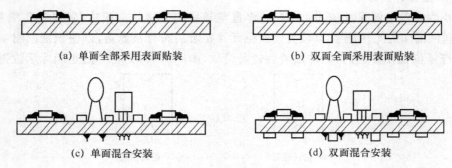

(a) 单面全部采用表面贴装　　　　　　　(b) 双面全面采用表面贴装

(c) 单面混合安装　　　　　　　　　　　(d) 双面混合安装

图 4-23　表面组装分为 3 类组装方式

第 1 类是单面混合组装,采用单面电路板和双波峰焊接工艺,第 1 类又分成第 1 种先贴法和第 2 种后贴法两种组装方式。先贴法是先在电路板 B 面贴装表面贴装元件,而后在 A 面插装穿孔元件。其工艺特点是操作简单,但需留下插装穿孔元件时弯曲引线的操作空间,因此组装密度低。另外,插装穿孔元件时容易碰着已贴装好的表面贴装元件,引起表面贴装元件损坏或受机械振动而脱落,为了避免这种危险,黏接剂应具有较高的黏接强度,以耐机械冲击。后贴法组装方式是先在 A 面插装穿孔元件,后在 B 面贴装表面贴装元件,克服了先贴法组装方式的缺点,提高了组装密度,但涂敷黏接剂困难。

第 2 类是双面混合组装,采用双面印制电路板,双波峰焊和再流焊两种焊接工艺并用,同样有先贴表面贴装元件和后贴表面贴装元件的区别,一般选用先贴法。这一类又分成两种组装方式,即第 3 种和第 4 种组装方式。第 3 种是表面组装元器件(SMC 和 SMD)和穿孔元件同在基板一侧,而第 4 种是 SMIC(表面组装集成电路)和穿孔元件放在 PCB 的 A 面,而把表面贴装元件和小外形晶体管放在 B 面。这一类组装方式的特点是单面或双面均有表面组装元器件(SMC 和 SMD),而把难以表面组装化的元件插装,因此组装密度相当高。

第 3 类是全表面组装。它又可分为单面表面组装和双面表面组装,即第 5 种和第 6 种组装方式。一类常采用细线图形的印制电路板或陶瓷基板和细间距四方扁平组件,采用再流焊接工艺。这类组装方式的组装密度非常高。

4.6　整机总装工艺

整机总装通常包括印制电路板装联、面板装配、机芯和各个整机装配、机壳机箱的装配、包装等工艺。总装按方式可归纳为两类:一类是可拆的联装;另一类是不可拆的联装,如焊接。总装按整机的结构来分,可分为整机装配和组合件装配两种。整机装配是把整机看成一个独立体,它把零部件通过各种方式装配在一起,组合成一个不可分的整体而完成独立的功能,如收音机、电视机等。组合件装配是整机由若干个组合件组成,每一个组合有独立的功能,组合可随时拆卸。

4.6.1　机架的装配工艺

根据整机总装原则,一般整机的机架装配过程是:准备—紧固—安装—整理。

(1)准备。核对自制件、零部件规格、数量是否符合工艺规定,包括底板、机架接地脚碰焊是否牢靠。弯角件、机架点焊是否牢靠。某些整机如雷达设备铝铸成型的机架,一般加工前还需要进行退火热处理,增强机架加工的机械强度。

(2)紧固。这里指的是框架紧固。框架紧固通常采用螺装、铆接工艺较多。

(3)安装。机架装配应做到前后机架的断裂铆合点向下,架条与底板紧固时,上下、左右、前后之间的架条必须平行。导轨、滑轨装配中要使组合件能在导轨或滑轨上活动松紧灵活,此外导轨安装时要注意中心偏差,不然面板合拢处会出现缝隙,某些机架与导轨的连接有螺钉头 2～3 牙处,将螺纹钳平以防振动后发生导轨脱落现象。

(4)整理。安装完毕之后要进行美观整理,并检查机架装配是否符合工艺文件规定的质量要求,保证机架、骨架以及底板符合不松动、不变形、不损伤的要求。

4.6.2　面板安装工艺

对于不同的电子产品,面板内容也有所区别,如电视机的面板包括屏幕框架、波段转换指示板等;收音机的面板包括机壳前面部分:刻度板、各种旋钮位置、喇叭板、收录放部分等;无线电测量仪器的面板包括显示器、指示器、各种开关控制旋钮、插孔座、接线柱等。某些仪器设备的面板还有内外面板之分。现在的一些电子产品的面板采用一次丝印成形工艺,制作非常精美。

4.6.3　插件安装工艺

组合结构形成的整机,其各单元之间通常采用接插件连接,接插件安装工艺流程是:准备—紧固—导线连接—整理。

(1)准备。按工艺文件核对接插件的型号、规格,检查接插座位置、尺寸是否符合工艺要求。

(2)紧固。接插件一般可分为插头和插座两种。插头采用螺装工艺紧固在组合件框箱上,插座紧固在座板上,座板再紧固在框架或底板上,安装过程中要控制中心偏差尺寸,保证插头与插座接触相吻合。

(3)导线连接。接插件导线连接通常采用线扎方式,焊接一般用插焊工艺较多,钩焊、绕焊应用较少,导线焊接完成后,应套上套管,并做好标记,以便电路检查。

(4)整理。检查接插件安装是否符合工艺要求,接插件的弹簧是否连接良好,整理排列线扎,使导线沿底板引走。

4.6.4　总装接线工艺

产品整机总装对规定的导线不能随意更改,因为它是根据电路的频率、电压和特殊要求来选定的,即使颜色也是按一定的原则来配色的,例如红色和粉红导线都用于晶体管集电极电路,蓝色用于发射极电路,白色和灰色用于基极电路,此外导线的走向要合理整齐,高、低压线与高、低频线的安装与走向要整理。

1. 高低压接线工艺要求

低压电路应贴底板引走,除与高压部分保持一定距离外,为了防止与低频放大器某些部分交联时产生干扰,还应与低频连线保持一定距离,一般采用线扎处理低压的走向。

高压电路接线应与机架、机壳、低压部分及接地导线保持一定距离。导线绝缘可靠,不能受潮,以免发生短路,焊接点需牢靠,无毛刺,无污垢,以防高压打火、尖端放电。

2. 高低频电路接线要求

高低频电路随着频率的变化,波长也随之发生变化。当频率高到一定的程度时,它的波长与电路中的元器件或导线可比时,分布参数的存在使电路呈现的阻抗发生明显变化,影响电路的性能,为了使分布参数对高频的影响尽可能小,调频导线应比低频导线在连接上多一些特殊要求,即导线连接尽量要短,走向要简捷,尽量不要平行走,接地线一定要按工艺文件的规定接地点连接,不要随意改动,屏蔽导线不能两点接地,灯丝线不要与其他导线结合起来,调频线绝不能与一般线扎在一起。

连接导线时应首先按照工艺文件指定的部位及编号连线,然后对号入座进行连接。同时应该做到扎线束中的导线出头位置应离焊接点近,并力求与扎线束垂直,然后进行焊接。电缆线的焊接方法如图 4-24 所示。

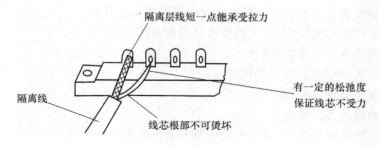

图 4-24 电缆线的焊接方法

底板或机框的紧固中要避免导线绝缘层损伤,布线排列时,沿机架或底板引走,不许高空悬挂。

整机装配完毕后,要通电测试各级电流、电压等参数,使整机能初步正常工作,试听、试看图像或各种信号指示,这一工艺过程是总装质量好坏的初步检查,通常总装检验工序的步骤如下:

(1) 检查各级接触处连接是否良好,并安装各级保险丝;

(2) 接通电源,测试整机电流、电压等参数,其他参数测试中,也需要增加或更换某些元器件,使整机达到工艺文件规定的初验要求;

(3) 检验结束后,在生产记录卡上做好工序加"印"标记,以备流转正道工序。

此外,总装结束后,整机产品应进入等级化试验、调试、测试及出厂检验工序,然后进行包装。

小 结

一个电子整机产品的安装,是一个复杂的过程,它是将其所有组件采用不同的连接方式和安装方法,分阶段、有步骤地结合在一起的一个工艺过程。在安装前,先将器件进行检验、老化和筛选,元器件做预处理,导线上锡加工等工作。做好这些安装准备工作能保证各道安装工序的质量,提高工作效率。

元器件的手工安装顺序应以上一道工序不影响下一道工序的正常进行为原则,每种元器件都有其自身的安装要求,对表面安装元器件更要加以注意。设计和制作表面安装印制电路板时有更高的要求,要严格按照其相应的要求。

整机总装通常包括印制电路板装联、面板装配、机芯和各个整机装配、机壳机箱的装配、包装等工艺。对规定的导线不能随意更改,因为它是根据电路的频率、电压和特殊要求来选定的,即使颜色也是按一定的原则来配色的。

思考与复习题

1. 什么是电子产品的安装？

2. 什么是安装工艺？电子产品安装时的基本原则是什么？

3. 在电子产品的安装中，常用到哪些紧固和连接方式？

4. 螺装的基本方法是怎样的？

5. 粘接工艺一般包括哪些过程？

6. 简述压接的特点和方法。

7. 简述铆接的特点和方法。

8. 在电子产品的安装中，为什么要进行元器件的老化和筛选？

9. 什么是元器件的检验？检验时有什么要求？

10. 什么是表面安装技术？采用表面安装技术有何优越性？

11. 在表面安装中，布线时印制导线的设计原则是什么？

12. 表面安装时，元器件的布局要注意哪些问题？

13. 表面安装过程中，有哪些关键工序？

14. 整机的机架装配有哪些过程？

第 5 章

产品可靠性与防护

【内容提要】

本章主要介绍电子产品可靠性的主要指标,及提高产品可靠性的相应方法;电子产品的散热和有关散热的方法;电子产品防护电磁干扰的能力以及屏蔽干扰的方法;以及电子产品对机械振动与冲击的隔离和对多种腐蚀的防护措施。

【本章重点】

1. 电子产品有关散热的方法。
2. 电子产品屏蔽电磁干扰的方法。
3. 电子产品对机械振动与冲击的隔离和对多种腐蚀的防护措施。

5.1 电子产品的可靠性

电子产品在工作、运输和储存过程中,往往会受到各种环境因素的影响。电子产品所处的环境,大体上可分为自然环境、工业环境和特殊使用环境。除自然环境之外,工业环境和特殊使用环境一般是人为制造和改变的,故这类环境有时也称为诱发环境。表 5-1 中的环境分类包含了电子产品可能遭遇的各种基本环境。

表 5-1 环境分类

自然环境		工业环境和特殊使用环境(诱发环境)	
温度	雾气	温度梯度	加速度
湿度	辐射	高压	高强度噪声
大气压	真空	瞬态冲击	电磁场
降雨	磁场	高能冲击	腐蚀性介质
风沙	静电场	周期振动	固体粉尘
盐雾	生物因素	随机振动	

环境因素造成的电子产品故障是严重的。国外曾对机载电子产品进行故障剖析,结果发现,50%以上的故障是由环境因素所致。而温度、振动、湿度 3 项造成的故障率则高达 44%。

环境因素造成的产品故障和失效可分为两类：一类是功能故障，指电子产品的各种功能出现不利的变化，或受环境条件的影响功能不能正常发挥，一旦外界因素消失，功能仍能恢复；另一类是永久性损坏，如机械损坏等。

需要指出的是，在对环境影响因素进行分析时，既要考虑一般的情况，又要确定主要影响因素，而且还应重视不同环境因素的相互作用。例如，温度的影响，有持续性的高、低温作用，有瞬态的作用（热冲击）及周期性作用等；而在高温下发生冲击振动时，两种环境因素都将强化对方的影响。这些都要进行具体的分析。在对客观因素作出估计时，应考虑各个作用因素的强度、作用时间、重复的次数等。这样，才能正确地采用防护措施，保证产品在受到多种环境因素的长期综合作用下安全、可靠地工作。

对于产品来说，可靠性问题和人身安全、经济效益密切相关，因此，研究产品的可靠性问题显得十分重要，非常迫切。

（1）提高产品可靠性，可以防止故障和事故的发生，尤其是避免灾难性事故的发生。例如，1986 年 1 月 28 日，美航天飞机"挑战者号"由于 1 个密封圈失效，起飞 76 秒后爆炸，7 名宇航员丧生，造成 12 亿美元的经济损失；1992 年我国发射"澳星号"时，由于一个小零件的故障，发射失败，造成了巨大的经济损失和政治影响。

（2）提高产品的可靠性，能使产品总的费用降低。提高产品的可靠性，首先要增加费用，如需要选用好的元器件，研制部分冗余功能的电路及进行可靠性设计、分析、实验，这些都需要经费，然而，产品可靠性的提高使得维修费及停机检查损失费大大减小，使总费用降低。

（3）提高产品的可靠性，可以减少停机时间，提高产品可用率，一台设备可顶几台用，可以发挥几倍的效益。美国 GE 公司经过分析认为，对于发电、冶金、矿山、运输等连续作业的设备，即使可靠性只提高 1%，而成本却提高了 10% 也是合算的。

（4）对于公司来讲，提高产品的可靠性，可以改善公司信誉，增强竞争力，扩大市场份额，从而提高经济效益。

5.1.1 电子产品的可靠性内容

产品的质量是一个很广泛的概念，不仅要求在工作的时间里保证产品达到技术指标，而且还要求能很长时间不出故障。如一部彩屏手机在正常工作时，其通话质量、色彩及一些功能都很好，能达到技术要求，但几天就坏一次，维修好了以后又能正常工作，那么这部手机的质量显然不好。它的质量不好并不是产品不能达到技术要求，而是正常工作的时间不长，不能达到规定的时间，我们就说这部手机的可靠性不好。所以可靠性实际上是产品具有时间意义的质量。

产品在规定的条件下和规定的时间内完成规定功能的能力称为产品的可靠性。

对产品可靠性的正确理解要清楚"三个规定"（规定的条件、规定的时间、规定的功能）和"一个规律"。"规定的条件"包括产品使用时的应力条件（如电气的和机械的）、环境条件和存储条件。同一产品规定的条件不一样，其可靠性相差很大。例如，同一台电脑在使用时，所在地电源的稳定程度不一样，其运行的可靠性也不一样；又如，同一部手机在市内较好的条件下使用和在野外恶劣的环境下使用，其可靠性相差也很大。"规定的时间"是指在规定的寿命期内使用。若超过了规定的寿命还继续使用致使产品发生故障,则不属于产品的质量问题。"规定的功能"是指产品的全部功能,只要产品有一项功能不能达到实际标准,即认为产品发生了故障。"一个规律"是指产品的可靠性是一个统计学规律,是从足够多的产品中统计出来的结果,而不是某一个具体产品的结果。某一个具体产品的可靠性可能高于或低于这一批产品的可靠性,但它对产品的设计仍有实际意义。

产品的可靠性由 3 个方面组成,它们是固有可靠性、使用可靠性和环境适应性。

固有可靠性是指产品在设计、制造时的内在可靠性。影响固有可靠性的因素很多。对电子产品来说,主要有产品的复杂程度,电路和元器件的选择和应用,元器件的工作参数及其可靠程度,机械结构和制造工艺等。对元器件来说,主要有原材料的品质,使用时的应力条件和制造工艺等。

电子产品的固有可靠性在很大程度上依赖于元器件的可靠性和产品内所含元器件的数量。产品内元器件的可靠性越低,所含元器件越多则产品的固有可靠性就越低。

使用可靠性是指操作、维护人员对产品可靠性的影响。操作的方法是否正确,维护程序及方法,以及其他人为因素都影响产品的使用可靠性。使用可靠性在很大程度上依赖于使用产品的人。熟练而正确操作,及时的维护保养,都能显著提高使用可靠性。

环境适应性是指产品所处的环境对可靠性的影响。提高产品的环境适应性,主要是针对产品采取各种防护措施,如防热、防机械振动、防电磁干扰及防化学腐蚀等。

从以上可以看出产品的可靠性涉及产品从设计、制造到使用维护直到寿命终止的全部过程。

可靠性和经济性也密切相关。可靠性过低,则维修维护费用高;可靠性过高,则设计、制造费用高,故可靠性应选得适当,过低或过高都不好。

5.1.2 可靠性的主要指标

5.1.1 节提到可以用产品平均正常工作时间的长短来表示产品可靠性的大小,除此之外,还有其他一些方法来表示产品的可靠性的大小。表达可靠性的主要数量指标通常有可靠度、故障率、平均寿命、失效率和平均修复时间。

1. 可靠度(正常工作的概率)

产品的可靠度是指产品在规定的条件和规定的时间内,完成规定功能的概率,用 $R(t)$ 表示。图 5-1 是在时间轴上表示各个时刻点上产品的工作情况。

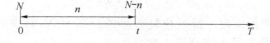

图 5-1 产品的工作情况

受试验的产品的起始数为 N,即在 $T=0$ 时刻,有 N 个产品能正常工作,在 0 到 t 时间内发生故障的产品数为 n,到 $T=t$ 时刻还能正常工作的产品数为 $N-n$,这个数与受试验产品起始数 N 之比,即为 t 时刻产品工作的概率,也就是产品在 t 时刻的可靠度 $R(t)$,用公式表示即为

$$R(t)=\frac{N-n}{N}\times 100\%$$

(5-1)

由于 $R(t)$ 是一个概率,所以

$$0 \leqslant R(t) \leqslant 1 \tag{5-2}$$

在试验开始时,$R(t)=1$,产品全部完好。随着试验期的延长,$R(t)<1$,即出现了失效产品。试验一直延续下去,直到 $R(\infty)=0$,产品全部达到了寿命终止期,因此,$R(t)$ 越接近于 1,表示可靠度越大,该产品的可靠性也越大。

式中 N 要足够大,否则会得出不正确的结论,$t \to \infty$ 的含义是产品超过了规定的时间,即超过了使用寿命。

2. 故障率

故障率用 $F(t)$ 表示,表示产品在 t 时刻发生故障的概率,显然 $F(t)$ 与 $R(t)$ 是对立事件,因此二者的关系应为

$$F(t)+R(t)=1 \tag{5-3}$$

则

$$F(t)=1-R(t)=\frac{n}{N} \times 100\% \tag{5-4}$$

$F(t)$ 越接近于 1,表示产品的故障率越高,即产品的可靠性越低。

3. 平均寿命

产品的平均寿命指一批产品的寿命的平均值,用 $\bar{t}$ 表示。这里有两种情况,一种是不可修复的产品,即发生故障后不能修理或一次性使用的产品,如海底电缆、人造卫星上的产品;另一种是可修复的产品,即发生故障后经修理,仍能继续使用,如电视机、手机等电子产品,它们都是属于这一种。这两种产品的平均寿命的含义不一样。

(1) 对不可修复的产品。如图 5-2 所示为一批不可修复的产品的工作寿命示意图。设一批不可修复的产品总数为 N,其中第 i 个产品工作到 t_i 时刻发生故障,这个产品的寿命为 t_i,这一批产品各自的寿命分别为 $t_1, t_2, \cdots, t_i, \cdots, t_N$,这一批产品的平均寿命为 $\bar{t}$,根据平均寿命的定义可知

$$\bar{t}=\frac{t_1+t_2+\cdots+t_i+\cdots+t_N}{N}=\frac{1}{N}\sum_{i=1}^{N} t_i \tag{5-5}$$

显然它是指发生故障前正常工作时间的平均值,记作 MTTF(Mean Time To Failure)。

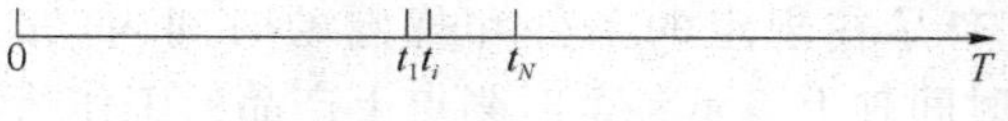

图 5-2 不可修复的产品

(2) 对可修复的产品。设一批可修复产品的总数为 N,其中第 i 个产品的工作情况如图 5-3 所示。该产品正常工作到第 1 次发生故障的时间为 t_{i1},修理后又正常工作了 t_{i2} 时间后发生了第 2 次故障,则该产品平均正常工作时间为(该产品发生了 m 次故障)

$$t_i=\frac{t_{i1}+t_{i2}+\cdots+t_{im}}{m} \tag{5-6}$$

t_i 也可理解为第 i 个产品两次相邻故障间的平均正常工作时间。这一批产品的两次故障间的平均正常工作时间为

$$\bar{t}=\frac{t_1+t_2+\cdots+t_i+\cdots+t_N}{N}=\frac{1}{N}\sum_{i=1}^{N} t_i \tag{5-7}$$

显然,式(5-7)表示的是一批可修复的产品两次相邻故障间的平均正常工作时间,称

为可修复产品的平均寿命,记作 MTBF(Mean Time Between Failure)。

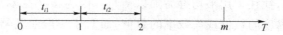

图 5-3　可修复的产品

虽然式(5-5)和式(5-7)最终的表达式是一样的,但含义不一样。

4. 失效率

失效率用 $\lambda(t)$ 表示。它是指产品工作到 t 时刻以后的一个单位时间的失效产品数与 t 时刻尚能工作的产品数之比。见图 5-4,设这批产品起始数为 N,工作到 t 时刻时已失效的产品数为 $n(t)$,工作到 $t+\Delta t$ 时刻时,失效产品总数为 $n(t+\Delta t)$,根据失效率的定义,$\lambda(t)$ 可表示为

$$\lambda(t)=\frac{[n(t+\Delta t)-n(t)]/\Delta t}{N-n(t)}=\frac{n(t+\Delta t)-n(t)}{[N-n(t)]\cdot\Delta t} \tag{5-8}$$

图 5-4　产品的失效率

失效率 $\lambda(t)$ 越低,产品的可靠性越高,反之亦然。定义中"单位时间"可以用 1 h 作为一个单位时间,也可以用 100 h 作为一个单位时间,或其他时间段作为单位时间都是可以的,根据具体情况而定。$\lambda(t)$ 的单位用时间百分数表示。常用 $1\times10^{-6}/1\,000$ h(或 $1\times10^{-9}/$h)作为一个失效单位。如写成 $1/(10^6\times1\,000$ h),则可理解成 100 万个元器件工作 $1\,000$ h 后,有一个元器件发生故障,称为一个失效单位,记为 1 fit(failunit,读成 1 非特)。若写成 $1/(10^7\times100$ h),则可理解成 $1\,000$ 万个元器件工作 100 h 后,有一个元器件发生故障,也称为 1 fit。

目前常用失效率作为电子元器件的可靠性指标,其等级划分如表 5-2 所示。

表 5-2　电子元器件失效的等级划分　　　　　　　　　　　　单位:1/h

等级	亚五级	五级	六级	七级	八级	九级	十级
符号	Y	W	N	Q	B	J	S
最大失效率	3×10^{-5}	1×10^{-5}	1×10^{-6}	1×10^{-7}	1×10^{-8}	1×10^{-9}	1×10^{-10}

5. 平均修复时间

该项指标反映了产品的可维修度,是指平均一次故障所需要的维修时间,记作MTTR。

$$\mathrm{MTTR}=\frac{T_R}{n}=\frac{\sum\limits_{i=1}^{n}T_{R_i}}{n} \tag{5-9}$$

式(5-9)中,n 为故障次数;T_R 为修复时间总和;T_{R_i} 为第 i 次故障的修复时间。

上述可靠性的各种计算方法对于不同类型的产品评定各有所长,一般以实际使用方便而定。对复杂产品,往往采用平均寿命加以衡量。因为该产品不可能采用大量的产品进行实验,去获得可靠度的数值或失效率的数值;而对于一般的元器件,则可以通过大量的破坏试验以求得失效率,并用以表示其可靠性。

这几种指标之间存在一定的关系,也可以相互转换。

5.1.3 元器件的失效规律及失效水平

了解元器件的失效规律和实际失效水平可以帮助我们采取措施,控制失效的发生,提高元器件及产品的可靠性水平。电子元器件按失效规律可分为普通元器件和半导体器件两类。

1. 普通元器件的失效规律

普通元器件指电阻、电容、继电器等元器件。在大量使用后,发现它们的失效规律如图 5-5 所示。该曲线形状像一条船或一个浴盆,所以也称为船形曲线或浴盆曲线。该曲线可明显分为 3 个阶段。

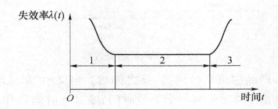

图 5-5 普通元器件失效规律

（1）早期失效阶段。该阶段失效特点是失效率高,但随着元器件工作时间的增加,失效率迅速降低。主要是由于设计、制造工艺上的缺陷等因素而导致产品失效。尤其是材料缺陷、工艺不良、操作粗心、检验不严等,最容易造成产品的早期失效。所以一旦使用,问题马上表现出来,去掉这些元器件后,失效率马上降下来了。采取的措施主要是通过对原材料和生产工艺加强检验和质量控制,可以大大减少早期失效率。在出厂前对元器件进行筛选、老化工艺,挑选出失效元器件,使出厂的元器件保持在较低的失效率水平。

（2）偶然失效阶段。经过早期失效阶段后,元器件的失效率迅速降低,并且基本稳定下来,即此时的失效率为常数。质量不合格的元器件在第 1 阶段已剔出,元器件在这一阶段发生失效的主要原因是一些意外的、偶然因素造成的,如受了机械撞击而造成的元器件破损,电压突然升高造成的元器件烧毁。元器件都使用在这一阶段,所以该阶段也称为使用寿命期。如何避免偶然因素的发生以减少失效,如何延长该阶段的时间以延长寿命,都是这一阶段需要研究的问题。

（3）损耗失效阶段。这一阶段失效率的特点是元器件失效迅速上升。其原因是元器件已超过其使用寿命,由于机械磨损,材料的老化、氧化等,故障随时可能发生,失效率迅速上升。该阶段的产品应作报废处理,以免造成重大的人身、经济损失。

以上的 3 个阶段是电子产品的典型情况,也就是说,在一般情况下,电子产品的失效规律符合图 5-5 所示的曲线形式。但是,并不是所有产品都有 3 个失效阶段,有的产品只有其中一个或两个失效阶段。某些质量低劣的产品其偶然失效阶段很短,甚至在早期失效之后,紧接着就进入了损耗失效阶段,对于这样的产品,进行任何可靠性筛选也是不行的。

2. 半导体器件的失效规律

如图 5-6 所示,它只有早期失效阶段和偶然失效阶段,没有损耗失效阶段。这是因为半导体器件不存在材料的老化、氧化及应力破坏等因素。

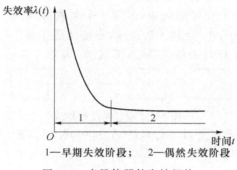

1—早期失效阶段；　2—偶然失效阶段

图 5-6　半导体器件失效规律

3. 元器件的失效水平

了解国内外元器件的失效率水平,对电子产品的可靠性设计是很重要的,它可以帮助设计师选用合适的元器件。

表 5-3 为外国某半导体元器件的失效率水平。表 5-4 为国内某 300 路载波电缆通信产品用的无人增音机中的元器件失效率水平,可供设计时参考。

从表 5-4 可以看出,薄膜电容器,纸质、瓷质电容器的失效率为 2～5 fit,即 100 万个元器件中工作 1 000 h 后出现 2～5 个失效元器件。

表 5-3　元器件实际失效率

元器件		失效率/h^{-1}	元器件	失效率/h^{-1}
半导体器件	开关晶体管	$4.1×10^{-9}$	固定碳膜电阻器	$1.4×10^{-9}$
	双极晶体管	$4.1×10^{-8}$	电阻器　固定电阻器	$4×10^{-9}$
	功率晶体管	$1.6×10^{-8}$	可变碳膜电阻器	$2.1×10^{-9}$
	单结晶体管	$8.3×10^{-8}$	可变电阻器	$2.7×10^{-8}$
	二极管　用于逻辑电路	$8.1×10^{-11}$	电容器　金属化纸质电容器	$1.5×10^{-8}$
	用于整流器	$1.7×10^{-9}$		

表 5-4　无人增音机元器件失效率

元器件	失效率/fit	元器件	失效率/fit
三极管	250	纸质电容器	5
二极管	50	瓷质电容器	5
稳压二极管	100	云母电容器	10
电阻	10	钽电容器	30
薄膜电容器	2	直热式热敏电阻器	10

5.1.4 串联和并联系统可靠性运用与计算

串联系统和并联系统是系统的两种常见的构成方式。

1. 串联系统

构成方式如图 5-7 所示,其特点有:

(1) $A_1, A_2, \cdots, A_n$ 这 n 个子系统中,只要一个失效,则系统失效;

(2) 只有当 $A_1, A_2, \cdots, A_n$ 全部正常工作,系统才能正常工作;

(3) $A_1, A_2, \cdots, A_n$ 工作与否相互独立,即若 A_1 失效不会传染给其他子系统。

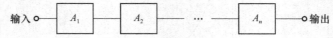

图 5-7 串联系统的构成

设 $R(c)$ 表示系统的可靠度,$R(A_1), R(A_2), \cdots, R(A_n)$ 分别表示各个子系统的可靠度,根据概率论的乘法定理,有

$$R(c) = R(A_1) \cdot R(A_2) \cdots R(A_n) = \prod_{i=1}^{n} R(A_i) \tag{5-10}$$

通过分析,我们知道子系统数 n 越多,系统的可靠性 $R(c)$ 越低。

2. 并联系统

构成方式如图 5-8 所示,其特点有:

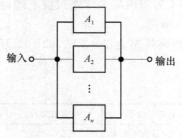

图 5-8 并联系统的构成

(1) 只要一个子系统工作,则系统正常工作;

(2) 只有当所有子系统全部失效,系统才会失效;

(3) 各子系统工作与否相互独立。

设系统的可靠度为 $R(c)$,第 i 个子系统的可靠度为 R_i,根据概率的加法定理,有

$$R(c) = 1 - \prod_{i=1}^{n} (1 - R_i) \tag{5-11}$$

通过分析,可以知道并联系统使系统的可靠度增加。

5.1.5 提高产品可靠性的方法

提高产品可靠性的方法主要从以下 3 个方面来进行:一是在电子线路上采取措施;二是采用备份系统;三是采取各种防护措施。

1. 在电子线路上采取措施

(1) 采用经过大量实践证明性能良好,可靠性高的标准电路。这种电路除了本身可靠性高外,生产人员对这种电路接触较多,线路熟,因此生产质量可以保证,发生故障后也容易检查和维修。

(2) 在保证性能的前提下,尽量使电路和系统简化,从串联系统可靠性的性能计算可以看出这一点。

(3) 采用集成电路,尽量少用分立元件。采用集成电路后,解决了大量的晶体管连接元件的衔接点出现焊接不良、布线错误的问题,从而提高产品的可靠性。如计算机采用集成电路后,可靠性提高的情况如下:1960 年的电子管电子计算机的失效间隔平均时间(MTBF)为 8.65 h,1964 年的晶体管计算机为 73 h,1968 年的集成电路计算机为 4 650 h,1970 年达到 12 400 h。同时采用集成电路后,可以使产品体积小、重量轻。这符合现代电子产品在体积、重量方面的要求。

(4) 正确选用元器件。这包括两层意思:一是通过对元器件进行筛选,剔除故障元器件,保留合格元器件;二是对已选出的合格元器件正确使用,如选用的参数合理,使用方法正确等。

(5) 对元器件降额使用。元器件在额定负荷下使用和在降额下使用,其失效率和寿命相差很多,如图 5-9 所示。经验表明:电容器应在额定电压 50％以下使用,电阻器应在额定功率的 25％以下使用,晶体管应在额定功率的 20％～30％使用。降额要适当,过分降额有时会降低可靠性。

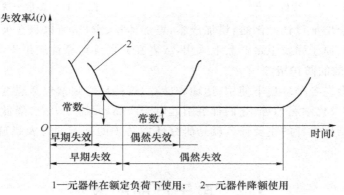

1—元器件在额定负荷下使用; 2—元器件降额使用

图 5-9 元器件降额使用

(6) 采用故障指示和排除装置。如采用插换装置,一旦发生故障可很快抽出故障元器件,插上合格元器件,以减少维修时间,提高维修可靠性。

2. 采用备份系统

备份系统也称冗余系统。把元器件、电路、整个系统或某个软件程序并联起来组成备份系统作为备份,是提高可靠性的有效手段。备份系统有 4 种。

(1) 并联系统,如图 5-8 所示。从其特点及式(5-11)可知,并联备份系统可提高整个系统的可靠性。

(2) 待机系统,如图 5-10 所示。当子系统 A_1 工作时,A_2 处于待机备用状态。当 A_1 发生故障时,转换开关立即合上,子系统 A_2 工作,从而保证系统从输入到输出的畅通。不过对转换开关的要求很高,要求能及时发现 A_1 的故障,并立即可靠地接通 A_2 的电路。

(3) 表决系统,如图 5-11 所示。这是一个 2/3 表决系统。当 3 个子系统中有两个正常时,即为多数正常,则多数表决开关正常工作,协调通畅,若有两个发生故障,则正常工作的子系统只有一个,为少数,表决开关断开,系统不能正常工作。同样,表决开关的高可靠性是重要的,否则整个系统将失效。除了 2/3 表决系统外,还有 3/5 和 4/7 表决系统。

以上 3 种冗余系统(并联系统、待机系统、表决系统)也称为硬件冗余。

(4) 软件冗余。采取程序复执的方式,能有效地预防和处理瞬间故障,提高产品的可靠性。所谓复执是指在系统出现瞬间故障时,重复执行故障的那部分程序。由于故障是瞬时的,所以在复执的时候原来的故障已消失,这样系统不必关机,往往可以自动回复到原来正确的动作。这种方式实际上是给了两次或多次的时间完成某一程序,所以也称为时间冗余。

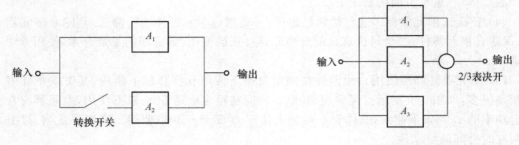

图 5-10 待机系统   图 5-11 多数表决系统图

硬件冗余会增加设计的困难,增加成本,增加体积、重量,所以只在极重要的场合下使用,如导弹制导、原子弹及卫星产品上采用,或者在元器件可靠性满足不了要求时采用。

3. 采取有效的防护措施

电子产品会在各种环境下使用、运输和储存,这些环境因素包括温度、机械因素、电磁干扰因素、气候及化学腐蚀等,它们都会引起电子产品、元器件失效,降低电子产品的可靠性。电子产品结构设计的主要任务就是研究环境防护的基本原理及措施,从而提高电子产品的可靠性。

5.2 电子产品的散热

5.2.1 概述

电子产品工作时,输入功率只有一部分作有用功输出,还有很多的电能转化成热能,使电子产品的元器件温度升高。而元器件允许的工作温度都是有限的,如果实际温度超过了元器件的允许温度,则元器件的性能会变坏,甚至烧毁。晶体管、电阻、电容、变压器、印制电路板等都是如此。尤其是晶体管,其最大的弱点是对温度十分敏感。

温度变化对电子电路的工作状态、电路性能有影响。对于晶体管,其结温越高,放大倍数越高。此外温度对晶体管的寿命也有影响。结温过高将会降低晶体管的使用寿命,见表 5-5。

表 5-5 晶体管寿命与温度关系

硅晶体管结温/℃	1 年损坏率(%)	5 年损坏率(%)
55	2	10
75	4	19
100	10	40
150	30	85

电子产品热控制的目的是要为芯片级、元件级、组建级和系统级提供良好的热环境，保证它们在规定的热环境下，能按预定的参数正常、可靠地工作。热控制系统必须在规定的使用期内，完成所规定的功能，并以最少的维护保证其正常工作。

防止电子元器件的热失效是热控制的主要目的。热失效是指电子元器件由于热因素而导致完全失去其电气功能的一种失效形式。严重的失效，在某种程度上取决于局部温度场，电子元器件的工作过程和形式。因此，需要正确地确定出热失效的温度，而这个温度应成为热控制系统的重要判据。在确定热控制方案时，电子元器件的最高允许温度和最大功耗应作为主要的设计参数，一些常用元器件允许的最高温度见表 5-6。

表 5-6　常用元器件允许的最高温度

元件名称	允许温度/℃	元件名称	允许温度/℃
变压器	95	铝质电解电容	60～80
碳膜电阻	120	云母电容器	70～120
金属膜电阻	100	瓷质电容器	80～85
涂釉线绕电阻	225	锗晶体管	70～100
纸质电容器	75～85	硅晶体管	100～120
电介电容器	60～82	印制电路板	85

电子产品热控制系统设计的基本任务是在热源至外空间提供一条低热阻的通道，保证热量迅速传递出去，以便满足可靠性的要求。

（1）保证热控制系统具有良好的冷却功能，即可用性。要保证产品内的电子器件均能在规定的热环境中正常工作，每个元器件的配置必须符合安装要求。

（2）由于现代电子产品的安装密度在不断地提高，它们对环境因素表现出不同的敏感性，且各自的散热量也很不一样，热控制系统设计就必须为它们提供一种适当的"微气候"（即人为地造成电子产品中局部冷却的气候条件），保证产品不管环境条件如何变化，冷却系统都能按预定的方式完成规定的冷却功能。

（3）保证产品热控制系统的可靠性。在规定的使用期限内，冷却系统的故障率应比元器件的故障率低，特别是对一些强迫冷却系统和蒸发冷却系统，为保证产品正常可靠地工作，常采用冗余方案来保证冷却系统的可靠性，同时要在系统中安装安全保护装置，例如流量开关、温度继电器、压力继电器等。

（4）热控制系统应有良好的适应性。设计中可调性必须留有余地，因为有的产品在工作一段时间后，由于工程上的变化，可能会引起热损耗或流体流动阻力的增加，则要求增大其散热能力，这样无须多大的变更就能增加其散热能力。

（5）热控制系统应有良好的维修性。为了便于测试、维修和更换元器件，产品中的关键元器件要易于接近和取放。

（6）热控制系统应有良好的经济性。经济性包括热控制系统的初次投资成本、日常运行和维修费用等。热控制系统的成本只能占整个产品成本的一定比例。

设计一个性能良好的热控制系统，应综合考虑各方面的因素，使其既能满足热控制的要求，又能达到电气性能指标，所用的代价最小、结构紧凑、工作可靠。而这样一个热控制系统,往往要经过一系列的技术方案论证和试验之后才能达到。

5.2.2 传热的基本知识

电子产品的散热,依据的基本原理是热传导、热对流和热辐射。这 3 种方式往往同时存在,在考虑产品散热时,根据具体情况只考虑其中一种或两种主要的即可。

1. 热传导

(1) 热传导的过程

热传导是指物体内部或两物体接触面之间的热能变换,如图 5-12 所示,芯片温度为 T_1,环境温度为 $T_2(T_1 > T_2)$,芯片通过导热材料,将热量传导到环境中去,从而将芯片温度降低。

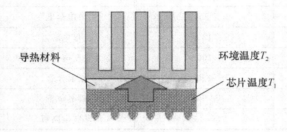

图 5-12 热传导

(2) 热传导的传热量计算

$$Q = \lambda \cdot L \cdot \Delta t \tag{5-12}$$

式(5-12)中,Q 为单位时间内通过面积 S 的热量(单位:W);L 为垂直于导热方向的长度(单位:m);λ 为导热系数〔单位:W/(m·℃)〕;Δt 为温差(单位:℃)。

(3) 导热系数 λ

λ 是一个表示材料导热能力的物理量。其物理意义是:在单位长度上,两端温差为一个单位时,单位时间里通过热能的多少,如 $\lambda = 407$ W/(m·℃),则表示在一米长度上,两端温差为 1 ℃时,每秒钟能通过的热能是 407 J。不同的材料导热能力不同,如金属的导热能力比非金属大,非金属导热能力比空气大。其数量表示即是用导热系数 λ 表示。λ 越大则导热能力越强,散热能力也越强。导热系数 λ 的值小于 0.23 W/(m·℃)的材料通常称为绝热材料。一些常用材料的导热系数见表 5-7。

表 5-7 常用材料的导热系数 λ(实验温度 20 ℃) 单位:W/(m·℃)

材料名称	导热系数	材料名称	导热系数	材料名称	导热系数
银(99.9%)	407	碳素铜	53	云母	0.5
铜(99.9%)	372	焊锡	33	尼龙	0.17~0.24
铝(纯)	203	氧化铍	208~225	水	0.6
铝合金	164	陶瓷基片	12.5~29.2	空气	0.026
黄铜	99				

（4）接触热阻

热阻是热流途径上的阻力，接触热阻是接触面之间热流途径上的阻力。接触热阻是接触传热很重要的一个影响因素。在两物体通过接触面传导时，接触热阻的大小是影响传热的关键因素，因此散热设计对此很重视。接触热阻是如何形成的呢？见图 5-13，当两物体的表面接触时，理想的情况应该是紧密吻合的。但实际情况并非如此，它们是凹凸不平的，是点接触或线接触而非面接触。器件的空隙充满空气，因而使两接触面的热传递受到很大的阻力，此阻力即称接触热阻，用 R_C 表示。接触热阻的存在使热的传递困难。要设法提高接触质量，减小接触热阻。

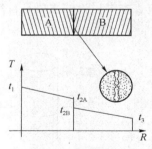

图 5-13　接触热阻的形成

传导过程中还存在另一个热阻，见图 5-14（a），当热量从物体 A 的左端传到右端，以及从物体 B 的左端传到右端时，都要受到阻力，即都存在一个热阻，该热阻即为传导热阻，用 R_S 表示。R_S 与材料的导热系数、导热面积及导热路径长度有关。这样热量从 t_1 传到 t_4，可以用 3 个热阻串联来表示，见图 5-14（b）。总热阻为

$$R_T = R_{SA} + R_C + R_{SB} \tag{5-13}$$

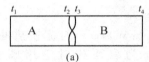
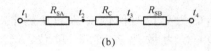

图 5-14　传导途中的热阻

引入热阻的概念后，传导热量 Q 可表示成

$$Q = \frac{\Delta t}{R_T} \tag{5-14}$$

式（5-14）中，R_T 为热导热阻（单位：℃/W）。Q 及 Δt 的含义同前。式（5-14）与电学中的欧姆定律类似，热流 Q 对应于电流 I，温度差 Δt 对应于电位差 ΔU，热阻 R_T 对应于电阻 R，则可把传热学的问题按电路的问题进行处理。这种方法称为热电模拟。这个概念很有用，给分析和计算带来了很大的方便。

（5）加强热传导的主要措施

① 选用导热系数大的材料作为导热零件，可降低传导热阻，如用铜或铝等材料作为散热器。

② 扩大热传导零件间的接触面积，增加接触压力，接触表面应光滑平整。还可以在接触面间涂硅脂导热膏或垫入软金属箔，如铟片、铜箔等，以提高接触质量，降低接触热阻。

③ 尽量缩短热传导路径。

2. 热对流

（1）热对流的过程

流体（气体或液体）的流动即形成对流。对流可以是冷流体流经高温固体表面而带走热量，如图 5-15 所示。也可以是冷热流体之间的对流，因为冷热流体的密度不同，热流体上升，冷流体下降，形成上下置换位置的自然运动从而带走热量，这种对流称为自然对流。如空气的自然对流是因空气受热后体积膨胀，其密度和比重都要降低，热空气因较轻而上

升,冷空气因较重而下降,形成了自然对流。自然对流的方向一般是在竖直方向上进行。若流体的流动是在外力作用下进行的,如风力、鼓风机、水泵等,则这种对流称为强迫对流。本书讨论的主要是自然对流。

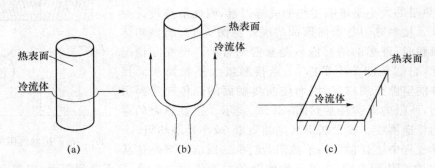

图 5-15　流体与固体间的对流

（2）对流换热的大小

固体表面和流体间的换热量与接触面积成正比,对流散热所传递的热量遵从牛顿定律,即

$$Q = \alpha \cdot S \cdot \Delta t \tag{5-15}$$

式（5-15）中,Q 为单位时间内对流的换热量（单位:W）;α 为对流换热的系数〔单位:W/(m²·℃)〕;S 为散热表面积（单位:m²）;Δt 为表面相对于周围介质的温差（单位:℃）。

（3）对流换热系数 α

与导热系数一样,对流换热系数是表示对流换热能力大小的物理量。物理意义是当固体与流体的温差为 1 ℃时,在 1 m² 的表面上,每秒钟由流体从固体表面带走热量的焦耳数。影响对流的因素很多,而且影响的方式较复杂。这些因素有流体介质的性质、对流的类型、流体的速度、散热物的形状、流体与物体的相对位置等。这些因素都综合到对流换热系数 α 里了,所以 α 的计算比较复杂,此处从略。

（4）加大对流换热的措施

① 加大温差 Δt,即降低物体周围对流介质的温度。

② 加大散热面积,如增加散热片,并使肋片纵向与气流方向一致。

③ 合理布局,如正确安装联出风孔的位置;把元器件安排到有利于对流的位置上;气流要畅通等。

④ 加大流体流动的速度,选择有利于对流换热的介质（如水比空气好）,以带走更多的热量。

3. 热辐射

（1）热辐射的过程

热辐射是以电磁波（波长在 $0.1 \sim 100\ \mu m$ 的范围内）辐射的方式进行热能交换。只要温度存在,热辐射就会发生,只有当温度为绝对零度（−273 ℃）时,由于分子振动停止,热辐射才停止。

热辐射射向物体后,一部分被物体吸收,一部分被物体反射,另一部分穿透物体。被吸收的那部分能量使物体的温度升高,而被反射及穿透物体的那部分能量,落在其他物体上后，也同样产生反射、吸收、穿透的过程。由此可见，一个物体不仅是在不停地向外辐射能量，而且还不断地吸收能量，这种能量的传递现象，就是辐射换热的过程。一个物体总的辐射能量是放热还是吸热，取决于该物体在同一时期内反射和吸收辐射能量之差。

（2）辐射体表面的黑度

物体的黑度是实际物体的辐射能力与同温度下黑体的辐射能力的比值，表示实际物体的辐射能力与同温度下黑体辐射能力的接近程度。黑度与物体的材料、温度及表面状态（如粗糙度、涂覆）有关，与颜色的关系不大，常用材料的黑度如表 5-8 所示。

表 5-8　常用材料表面的黑度

材料和表面状况	温度/℃	黑度
精密研磨的铝	200～600	0.04～0.06
强氧化的铝	35～500	0.2～0.31
黄铜皮	22	0.06
灰暗的黄铜	50～350	0.22
镀铬抛光的黄铜	100	0.075
石棉纸板、纸、布	20～300	0.93
玻璃、光滑的表面	22～90	0.94
不同颜色的无光泽漆	100	0.92～0.96
黑色无光泽漆	40～100	0.96～0.98

（3）增加辐射换热的措施

① 从表 5-8 中可以看出，粗糙的表面比光亮的表面辐射能力大，故常将发热元器件表面涂以深色的无光泽的粗糙的油漆，以增强辐射能力；

② 加大辐射体与周围环境的温差；

③ 加大辐射体的表面面积。

5.2.3　电子产品的自然散热

在功率密度不高的电子产品中，如电子测量仪器、电子医疗仪器等，运用自然冷却技术比较多，且冷却成本低，可靠性高。电子产品自然冷却的传热途径是产品内部电子元器件和印制板组装件通过导热、对流和辐射等传向机壳，再由机壳通过对流和辐射将热量传至周围介质（如空气、水），使产品达到冷却的目的，如图 5-16 所示为一个电源的通风孔。

为了增强电子产品自然冷却的能力，应从以下几个方面进行认真设计：①改善产品内部电子元器件向机壳的传热能力；②提高机壳向外界的传热能力；③尽量降低传热路径各个环节的热阻，形成一条低热阻热流通路，保证产品在允许的温度范围内正常工作。

图 5-16　电源的通风孔

1. 电子机箱机壳的热设计

电子产品的机壳是接收内部热量,并将其散发到周围环境中去的一个重要组成部分。机壳的热设计在采用自然冷却降温的一些密闭式电子产品中显得格外重要。许多实验和事实证明:

① 增加机壳内外表面的黑度、开通风孔等,能降低电子元器件的温度;

② 机壳内外表面高黑度的散热效果比低黑度开通风孔的散热效果好;

③ 机壳两侧均为高黑度的散热效果优于只有一侧高黑度时的散热效果,提高外表面的黑度是降低机壳表面温度的有效方法;

④ 在机壳内外表面增加黑度的基础上,合理地改进通风结构,加强冷却空气的对流,可以明显地降低产品内部的温度。

2. 机壳通风孔的设置

在机壳上开通风孔是为了充分利用冷却空气的对流换热作用,通风孔的结构形式很多,可根据散热与电磁兼容性的要求综合考虑。

开设通风孔的基本准则有:

① 通风孔的开设要有利于气流形成有效的自然对流通道;

② 由于气体受热后膨胀,一般情况下,出风孔面积应稍大于进风孔面积;

③ 进风孔尽量对准发热元器件;

④ 进风孔与出风孔要远离,防止气流短路,应开在温差较大的相应位置,进风孔应尽量低,出风孔要尽量高;

⑤ 进风孔要注意防尘和电磁泄露。

5.2.4 电子产品内部电子元器件的热安装技术

1. 热安装基本原则

① 对温度敏感的热敏元器件应放在产品的冷区(如冷空气的入口处附近),不应放在发热元器件的上部,以免热量对其影响。

② 元器件的布置可根据其允许温度分类,允许温度较高的元器件可放在允许温度较低的元器件之上。也可以根据耐热程度按递增的规律布置,耐热性好的元器件放在冷却气流的下游(出口处),耐热性差的元器件放在冷却气流的上游(进口处)。

③ 带引线的电子元器件应尽量利用引线导热,安装时要防止产生热应力,应有消除热应力的结构措施。

④ 电子元器件安装的方位应符合气流的流动特性,有利于提高气流流通程度。

⑤ 应尽可能地减小安装界面热阻(接触热阻)及传热路径上的各个热阻。

⑥ 元器件的安装要便于维修。

2. 电子元器件热安装技术

(1) 电阻器

大型绕线电阻器可散发出大量的热。它的安装不仅要注意采取适当的冷却措施,而且还应考虑减少对附近元器件的热辐射。大功率电阻器的工作温度一般都很高,若没有良好的导热通路,它的热量大部分靠辐射传递出去。若有多个电阻器,最好将它们垂直安装。长度超过 100 mm 的单个电阻器应该水平安装,其平均温度稍高于垂直安装的平均温度。但水平安装时，其热点温度要比垂直安装时低很多，而且温度分布也比较均匀。如果元件与大功率电阻器之间的距离小于 50 mm，则需要在大功率电阻器与热敏元件之间加热屏蔽板。

当碳膜电阻器以及与其外形相似的电阻器安装位置距低温金属表面 3 mm 时，将出现气体导热，它们的表面温升将低于在自由空气中相应的温升；反之，若这种电阻器的安装位置与低温金属板表面相距在 3～6 mm，对流空气受到阻碍，其温升将高于自由空气中的相应值。若电阻器紧密安装，而间距小于或等于 6 mm 时，就会出现相互加热的现象。这种电阻器的（水平或垂直）安装方式，其热影响不明显。

（2）半导体器件

小功率晶体管、二极管及集成电路的安装位置应尽量减少从大热源及金属导热通路的发热部分吸收热量，可以采用隔热屏蔽板（罩）。对功耗等于或大于 1 W，且带有扩展对流表面散热器的元器件，应采用自然对流冷却效果最佳的取向和安装方法。

（3）变压器和电感器

铁芯电感器的发热量大致与电流的平方成正比，一般热量较低，但有时也较高（如电源滤波器的电感器）。电源变压器是重要的热源，当铁芯器件的温度比较高时，应特别注意其热安装问题，应使其安装位置最大限度地减小与其他器件之间的相互热作用，最好将它安装在外壳的单独一角或安装在一个单独的外壳中。

（4）传导冷却的元器件

如果采用金属导体传递热量来减少发热元器件之间的辐射和对流传热，元器件耗散的热量传到一个共同的金属导体时，就会出现很明显的热的相互作用。当共同的安装架或导体与散热器之间的热阻很小，则温度也很低，热的相互作用就很小。否则应把元器件分别装在独立的导热构件上。

（5）不发热元器件

不发热的元器件可能对温度敏感，其安装位置应该使得从其他热源传来的热量降低到最低程度。当这些元器件处于或靠近高温区时，热隔离只能延长热平衡时间，元器件仍然会受热。最好的热安装方法是将不发热元件置于温度最低的区域，这种区域一般是靠近与散热器之间热阻最低的地方。

3. 热屏蔽

为了减少元件之间热的相互作用，应采用热屏蔽和热隔离的措施，保护对温度敏感的元器件。具体措施包括：

① 尽可能将通路直接连接到热沉；

② 减少高温与低温元器件之间的辐射耦合，加热屏蔽板形成热区和冷区；

③ 尽量降低空气或其他冷却剂的温度梯度；

④ 将高温元器件装在内表面具有高的黑度，外表面低黑度的外壳中，这些外壳与散热器有良好的导热连接。元器件引线是重要的导热通路，引线尽可能粗大。

5.2.5　印制板组装件的自然冷却设计

1. 印制板印制导体尺寸的确定

印制板上导线的宽度要根据流入印制板电流的大小和允许温升范围，以及敷铜的厚度来计算决定。另外,还应适当加宽印制板地线的宽度,充分利用地线和汇流条进行散热。进行高密度的布线时,应减小导体宽度和线间距,为了提高其散热能力,应适当增加导体的厚度,尤其是多层板的内导体,更应如此。

目前印制板主要采用的材料是环氧树脂玻璃板,其导热系数较低〔0.26 W/(m·℃)〕,导热性能差。为了提高其导热能力,可采用散热印制板;在普通印制板上敷设导热系数大的金属(铜、铝)条(或板)的导热条(板)印制板;在普通印制板中夹金属导热板的夹芯印制板和在印制板上敷设扁平热管的热管印制板等。图 5-17 是普通环氧树脂玻璃板与金属夹芯板的散热(温度分布)情况的比较。由图可见,采用金属夹芯板后,其温度降低了 20～40 ℃。

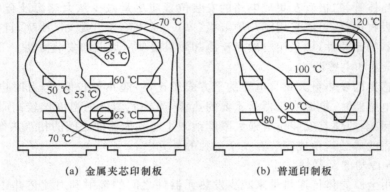

(a) 金属夹芯印制板　　　　　(b) 普通印制板

图 5-17　PCB 温度分布

2. 印制板上电子元器件的热安装技术

由于安装在印制板上的电子元器件的热量中,有 40%～50% 是依靠导热传走的。因此,必须提供一条从元器件到印制板及机箱侧壁的低热阻热流路径。电子元器件与散热印制板的安装形式如图 5-18 所示。

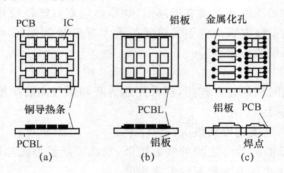

图 5-18　印制板上元器件传导冷却方法

印制板上电子元器件热安装除了应满足上述元器件安装条件外,还应考虑下列几项。

① 降低从元器件壳体至印制板的热阻,可用导热绝缘胶直接将元器件粘到印制板或导热条(板)上。在粘接时,应尽量减小元器件与印制板或导热条(或板)间的间隙。

② 大功率元器件安装时,若要用绝缘片,应采用具有足够抗压能力和高绝缘强度及导热性能好的绝缘片,如导热硅胶片。为了减小界面热阻,还应在界面涂一层薄的导热膏。

③ 同一块印制板上的电子元器件,应按其发热量大小及耐热程度分区排列,耐热性差的电子元器件放在冷却气流的最上游(入口处),耐热性好的电子元器件放在最下游(出口处)。

④ 在大、小规模集成电路混合安装的情况下,应尽量把大规模集成电路放在冷却气流的上游处,小规模集成电路放在下游,以使印制板上元器件的升温趋于均匀。

⑤ 因电子产品工作温度范围较宽,元器件引线和印制板的热膨胀系数不一致,在温度循环变化及高温条件下,应注意采取消除热应力的一些结构措施。

3. 减小电子元器件热应变的安装技术

电子产品工作温度范围较宽($-50 \sim 50 \, ℃$),而元器件引线的热膨胀系数与印制板及焊点材料的膨胀系数均不一致,在温度循环变化及高温条件下,将导致焊点的拉裂,印制板的翘起、剥离,元件破裂、断路,以及系统中与热应变有关的其他许多问题。

轴向引线的圆柱形元器件(如电阻、二极管等),在搭焊和插焊时,应提供最小的热应变量为 2.6 mm,图 5-19 是小功率晶体管的几种安装方法。其中图 5-19(a)是把晶体管直接安装在印制板上,由于引线的热应变量不够和底部散热性能差,易使焊点在印制板热胀冷缩时产生断裂,其他几种热安装形式均比图 5-19(a)好。

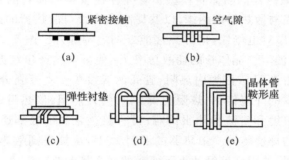

图 5-19　晶体管热安装形式

双列直插式(DIP)集成块,由于引线很硬,几乎不可能留任何热应变量,所以安装时要特别仔细。功率较大的集成块,可在其壳体下部与印制板间设金属导热条,厚度应满足散热要求。为了减少接触热阻,在接触界面间可采用黏接剂,如图 5-20(a)、5-20(b)所示。功率较小(0.2 W 以下)的集成块,可不用黏接剂或导热条,在集成块与印制板之间留有间隙即可,如图 5-20(c)、5-20(d)、5-20(e)所示。

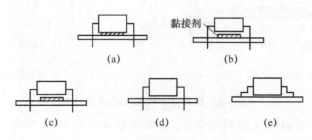

图 5-20　DIP 器热安装形式

安装密度较高的组件,由于元器件排列紧密,周围空间较小,允许采用环形结构,如图

5-21(b)所示,可得到较大的热应变量。大的矩形元件(如变压器、扼流圈等),通常具有较粗的引线,为了避免因热应变而使焊点脱裂,应有较大的应变量,如图 5-21(c)所示。

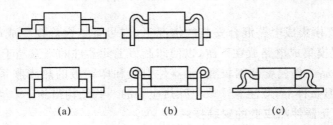

(a)   (b)   (c)

图 5-21　消除热应变的元件安装方法

5.2.6　大功率元件的散热

大功率晶体管是指功率大于 1 W 的晶体管,此时,完全靠管壳及引线不能把热量迅速散走,需要加专门的散热装置——散热器。对集成电路而言,当热流密度大于 0.6 W/cm² 时,也需要用散热器,本节以晶体管为讨论对象,其方法和结构适用于集成电路。

图 5-22(a)是带散热器的晶体管模型。管壳往往就是晶体管的集电极,管壳安装在散热器上,为了使管壳与散热器电绝缘,以及提高晶体管与散热器的接触质量,常常在管壳与散热器之间垫一层对电绝缘,但导热性能好的电绝缘片。图 5-22(b)是散热途径方框图,图中 T_a 为环境温度。晶体管的耗散功率 P_C 使集电结产生结温 T_j,集电结的热量向管壳传递,受到阻力为 R_{T_j},称为内热阻,管壳的温度为 T_C,管壳分两路将热流散到环境:一路是直接向周围的环境传热,热阻为 R_{T_p},称为外热阻,该热阻通常很大,因管壳的面积小,其向环境的辐射和对流传热很困难;另一路是管壳的底部通过绝缘片传到散热器,散热器再向周围的环境传热。散热器的温度为 T_f,从管壳到散热器之间的热阻即为 R_{T_b},它由绝缘片的传导热阻和绝缘片上下两面的两个接触热阻组成。

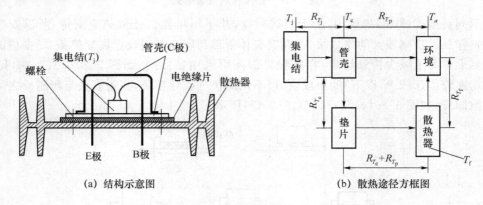

(a) 结构示意图   (b) 散热途径方框图

图 5-22　晶体管的散热模型及散热途径方框图

自散热器向环境的传热热阻为 R_{T_f},是散热器本身具有的热阻。因散热器的选材和形状、面积、表面状态上都做了合理的设计,所以散热热阻较小,往往 R_{T_f} 远小于 R_{T_p},即通过:管壳→垫片→散热器→环境。这一路的散热比"管壳→环境"这一路的散热效率要高很多。这里的关键是要选择合适的散热器。图 5-23 为目前计算机中常用的散热器。

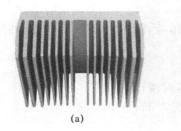
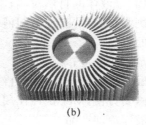

(a)　　　　　　　　　　(b)

图 5-23 计算机常用的散热器

5.2.7 其他形式的散热方式

1. 强迫空气冷却

(1) 单个电子元器件的强迫空气冷却

在整机及机柜中只有单个元件需要冷却时,例如雷达发射机中的大功率磁控管、行波管、调制管、阻尼二极管等需要集中风冷。为了提高冷却效率,可设计一个专用风道,把发热器件装入风道内冷却。

(2) 整机抽风冷却

抽风冷却主要适用于热量比较分散的整机或机箱。热量经专门的风道或直接排到产品周围的大气中。抽风的特点是风量大、风压小,各部分风量比较均匀。因此,整机的抽风冷却常用在机柜中各单元热量分布比较均匀,各元件所需冷却表面的风阻较小的情况。

2. 电子产品的液体冷却

由于液体的导热系数及比热均比空气大,因而可以大大减小各有关换热环节的热阻,提高冷却效率。因此,液体冷却是一种比较好的冷却方法。其缺点是系统比较复杂,体积和重量比较大,产品费用高,维修也比较困难。

(1) 直接液体冷却

所谓直接液体冷却,就是将冷却液体与发热的电子元器件直接接触进行热交换。热源将热量传给冷却液体,再由冷却液体将热量传递出去。在这种情况下,冷却液体的对流和蒸发是热源散热的主要方式。图 5-24 为国产某型号的水冷系统。

① 无搅动的直接液体冷却

电子元器件装在一个密封的机壳里,里面充满冷却液体。这种装置的传热途径是:发热元器件的热量通过液体的自然对流及导热传给液体,液体将吸收到的热量传给机壳,最后由机壳将热量散发到周围空气中去。它与风冷相比较,主要是降低了从元器件到周围介质的对流热阻,大约可降低一个数量级。

图 5-24 国产某型号的水冷系统

设计这种产品时要注意下面问题：

- 所选用的冷却液，其电气性能应能满足机内元器件之间的电气绝缘要求，其黏度尽量低，以利于液体的自然对流；
- 机壳要解决密封问题，灌注冷却液体后，机壳内部要留有一定的间隙，以适应液体受热膨胀的要求；
- 机壳要有足够的强度；
- 元器件的配置要有利于液体的自然对流；
- 产品的维修要方便，对一次性使用的产品，可不考虑这个问题。

② 有搅动的液体冷却产品

加搅动的目的是为了加强冷却液体的对流换热，对黏度大的液体更为适用。采用这种冷却方法时，必须考虑下列附加因素：电机的尺寸、转速、搅动杆的叶片数以及杆和叶片材料与液体的化学相容性等。同时要注意机壳的密封性并保证其强度，还要留有一定的热膨胀空间。

③ 直接强迫液体冷却

直接强迫液体冷却系统包括低压泵、管路、热交换器和膨胀箱等。低压泵式冷却液在系统中循环；膨胀箱可作为液体受热膨胀的补偿及防止系统被蒸汽堵塞之用；热交换器将受热的液体冷却后由泵送回到储液箱内。这种系统应注意元器件的排列，以达到最佳冷却效果。若泵压力较高，则应防止高压液流直接冲向脆弱的电子元器件。

（2）间接液体冷却

间接液体冷却主要利用的是导热模块。具有高组装密度的多芯片模块（MCM）的热量，用一般的冷却技术（如风冷）已无法满足要求，特别是对那些大型计算机的高性能微处理器更是如此。图 5-25 是 IBM 3081 计算机中的微处理器的导热模块结构示意图，每个导热模块包含多层陶瓷基板、118 个芯片、导热活塞、加载弹簧、模块罩、氦气和水冷却板等，冷却液与发热芯片不直接接触。实验证明，功耗为 4 W 的芯片，当冷却水的入口温度为 24 ℃时，芯片的表面温度达 59 ℃。

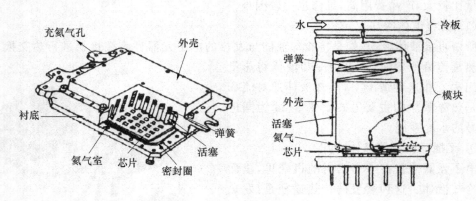

图 5-25 导热模块

（3）冷却剂

电子产品用的冷却剂其特性主要有以下几个方面。

① 冷却剂的物理特性包括导热系数、比热、密度、黏度、膨胀系数、表面张力等。

② 物理特性：使用冷却剂的方便性和安全性，包括适当的沸点和冰点。对密封产品，要求冷却剂的表面张力低一些。选择尽量高的闪点、燃点和自燃温度，以及尽可能低的易燃性。

③ 电气特性：包括介电强度、体积电阻率、介电常数和损耗因素等。

④ 相容性：与元器件的相容性要好，不产生化学反应，热稳定性好，不易挥发。

⑤ 经济型：成本要低。

由于传热是一个复杂的过程，涉及的因素又如此之多，因此难以找到单项的评价标准来比较各种冷却剂的冷却效果。

3. 电子产品的蒸发冷却

物质从液态变为气态的过程称为汽化。汽化有两种形式：一种是仅在液体自由表面上进行的汽化，称为蒸发，这种蒸发在各种温度下都能发生；另一种不仅在液面，而且在液体内部同时进行的汽化，这种汽化称为沸腾。不论是蒸发还是沸腾，都需要吸收一定的热量。例如，在一个大气压下，1 000 g 水变成蒸汽要吸收 627 W 的热量（汽化热）。

电子产品的蒸发系统的组成，如图 5-26 所示。整个系统由发射管、蒸发锅、冷凝器、水压控制箱、压力连锁开关以及各种管系等主要部件组成。

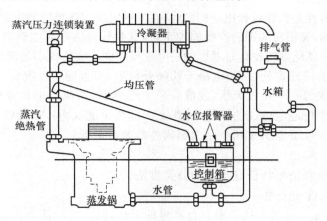

图 5-26 蒸发冷却系统

当置于蒸发锅里的发射管工作时，会将自身耗散的热量传给水，水达到饱和温度后开始蒸发。蒸汽经蒸发管道进入冷凝器，冷凝水沿回水管道又返回蒸发锅，形成一个循环。为了防止蒸发锅水位下降，使阳极暴露于水面造成局部过热而烧毁，通常设有均压管，使水箱和蒸发锅的水面处于同一水平面，以保证必要的水位。

蒸发冷却主要用来给大型电子产品冷却降温。

5.3 电磁干扰及屏蔽

5.3.1 概述

电磁兼容性（Electromagnetic Compatibility，EMC）技术的早期仅仅考虑对无线电通信、广播有影响的射频干扰（RTI）。随着干扰源范围的扩大及电磁能量运用形式的增多，电磁干扰不再局限于辐射，还要考虑感应、耦合和传导等引起的电磁干扰。电磁干扰除影响电子系统和产品的正常工作外,对人体健康也会造成有害的影响。因此,研究电磁辐射的生物效应与防护技术等也属于电磁兼容性范畴。

1. 电磁干扰的基本概念

任何电子产品都在一定的电磁环境中工作,因此,电磁干扰现象在日常生活中随处可见。所谓电磁干扰一般是指在电子产品或系统工作过程中出现的一些与有用信号无关的,并且对电子产品、系统性能或信号传输有害的电气变化现象。这些现象会影响产品的正常工作。例如,汽车点火栓打火所产生的高频电磁波,通过天线输入到电视机中,会使电视机的图像跳动并出现爆裂声;手机在飞机上使用会干扰飞机与地面指挥塔之间的无线电联系;接通或断开电源开关会使收音机发出"扑扑"声,这是由于暂态过程产生了不应有的电源脉冲和电流脉冲所致;使用手电钻或电焊机会使计算机运行不正常等。因此要使电子产品正常可靠地工作,达到预期的功能,必须保证电子产品具有较高的抗干扰能力。军用电子产品抗电磁干扰能力则要求更高,一方面要求对无意的电磁干扰有强的抗干扰能力,另一方面对有意的电磁干扰也要有强的抗干扰能力,否则在高科技条件下,很难赢得一场战争。制电磁权已与制海、制空、制陆地权相提并论,可见在军用电子产品中电磁兼容性的重要性。

所谓电磁兼容性是指在设计电子产品时,在其预定的工作场所能正常工作,既不受周围的电磁干扰的影响,又不对周围的产品施加干扰,这种设计方法叫电磁兼容性设计,是目前电子产品及机电一体化系统设计时考虑的一个重要原则。它的核心是抑制电磁干扰。

抗电磁干扰的设计难处在于:电磁干扰随处可见,而且随机性很大。如一个金属柱或一个螺栓都可能成为一个接收天线,或成为一个受感器,感应出电荷及电压;飞机的机体内腔可以成为一个传递电磁波的导体,飞机上的电缆可能成为一个接收无线电的天线;电子产品的金属外壳也可能感应到产品内部或外部的电荷等。

2. 干扰分类

根据干扰现象和信号特征有不同的分类方法。

(1) 按干扰的性质分类

① 自然干扰源。自然干扰是来自自然界的干扰,同人类的活动无直接联系,例如:

- 大气中产生的电过程(雷电、北极光,发生在沙暴和雪崩消失时的静电放电,流星雨高速摩擦大气产生的气体电离等);
- 地表、对流层和电离层的热无线电辐射;
- 地球以外的(宇宙的)干扰源产生的噪声无线电辐射(如太阳黑子的运动等)。

② 人为干扰源。人为干扰源是由人类活动产生的,并且都是以工程上各种电磁过程为前提。人为干扰分有意的人为干扰和非有意的人为干扰。

- 有意的人为干扰是指为了破坏某些具体的电子产品正常工作而专门制造的。制造干扰和抗干扰,被列为电子对抗的范畴内,不作为电磁兼容性问题来研究。
- 非有意的人为干扰是由人为造成的干扰,但它不是为了破坏电子产品的工作而有意设置的,它们是各种电子产品工作时产生的。如前述的汽车点火栓点火对电视机造成的干扰,手电钻或电焊机工作对计算机的干扰都属于这一类。电子元器件固有的干扰也属这一类,如晶格无规则热振荡造成的干扰,信号线之间的互相串扰等。电磁兼容性设计主要是针对非有意的人为干扰进行的。

（2）按干扰的耦合模式分类

① 静电干扰。电场通过分布电容耦合的干扰,包括电路周围物体上积聚的电荷直接对地电路的泄放,大载流导体产生的电场通过分布电容对受扰装置产生的耦合干扰等。

② 磁场耦合干扰。大电流周围的磁场对装置回路耦合形成的干扰。如动力线、电动机、发电机、电源变压器和继电器等都会产生这种磁场。这种磁场的频率较低,通常也称为低频磁场干扰。电子束受此干扰会发生偏转。

③ 漏电耦合干扰。绝缘电阻降低而产生漏电流引起的干扰。多发生于工作条件比较恶劣的环境或器件性能退化及器件本身老化的情况下。

④ 共阻抗干扰。电路各部分公共导线的阻抗、地阻抗和电源内阻压降互相耦合形成的干扰,这是电子产品及机电一体化产品普遍存在的干扰。

⑤ 电磁辐射干扰。各种大功率高频、中频发射装置,各种电火花以及电台、电视台等产生的高频电磁波,向周围空间辐射,形成电磁辐射干扰。这种干扰也称为高频磁场干扰。变化的磁力线穿过闭合回路也会感应出电势形成干扰。

3．干扰的传播途径

从干扰源到受感器的传播途径一般分为两种:一种是辐射方式,干扰信号通过空间以电磁感应方式传入,静电、低频磁场和电磁场的干扰都是这一途径;另一种是传导方式,干扰通过电路的正极馈线和地线引入,漏电干扰及共阻抗干扰都属这一类。

图 5-27 表示了干扰传播途径和干扰种类之间的对应关系。图 5-27 表明干扰种类有电场干扰、低频磁场干扰、电磁场干扰、正极馈线引入的干扰、地线引入的干扰等 5 种,是本节讨论的主要内容。

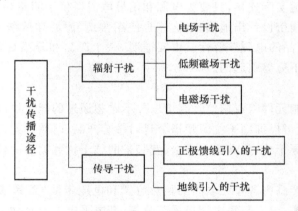

图 5-27　传播途径与干扰类型的对应关系

5.3.2　电子产品的电磁兼容性设计的基本要求

电子产品的电磁兼容性设计包括:限制干扰源的电磁发射,控制电磁干扰的传播以及增强敏感产品的抗干扰能力。

1．优化信号设计

传输信息的电信号需占用一定的频谱,为尽量减小干扰,对有用信号应规定必要的最小占有带宽,这有赖于优化信号波形。

2. 完善线路设计

应设计和选用自身发射小、抗干扰能力强的电子线路（包括集成电路）作为电子产品的单元电路。对于一般小信号放大器应尽可能增大放大器的线性动态范围，以提高电路的过载能力，减少非线性失真。晶闸管和工作于开关状态的三极管，工作时均产生电流脉冲，发射频谱很宽的电磁能量，因此必须采取相应的抑制措施。利用铁氧体磁环进行功率合成，可能由于磁饱和引起较严重的谐波失真，因此，也要采取相应的抑制措施。功率放大器工作在甲类状态时产生的谐波最少；工作在推挽形式的乙类状态时，只要电路结构对称就可以抑制二次谐波，但不对称就可能产生强的偶次谐波；丙类功率放大器仅用于射频放大，需采用锐谐调、高 Q 值滤波器抑制其谐波电平。

为了减小放大器因非线性失真而产生的谐波发射，可采用反馈和非线性补偿方法改善放大器的线性。采用平衡电路（如差分放大器）传输信号不但可减小共模电流产生的干扰，而且还能抑制共模干扰对放大器的影响。

3. 屏蔽

用屏蔽体将干扰源包封起来，可以防止干扰电磁场通过空间向外传播。反之，用屏蔽体将感受器包封，就可使感受器免受外界空间电磁场的影响。屏蔽技术虽能有效地阻断近地感应和远场辐射等电磁干扰的传播通道，但是它有可能使产品的通风散热困难，维修不便，并导致重量、体积和成本的增加。所以设计人员需权衡利弊，采用合理的措施，以最佳效果、费用比来满足电磁兼容性要求。

4. 接地与搭接

不管是否与大地实际连接，只要为电源和信号电流提供了回路和基准电位，就统称为接地。设计中如能周密设计出地线系统，综合使用接地、滤波和屏蔽等措施，往往可事半功倍，有效地提高产品的电磁兼容性。事实证明，一个产品和分系统在联机时出现故障，多半是由接地系统不完善引起的。

5. 滤波

滤波是借助抑制元件将有用信号频谱以外不希望通过的能量加以抑制。它既可以抑制干扰源的发射，又可以抑制干扰源频谱分量对敏感产品、电路或元件的影响。滤波虽能十分有效地抑制传导干扰，但制造大容量、宽频带的抗干扰滤波器的代价是昂贵的。

6. 合理布局

合理布局包括产品内各单元之间的相对位置和电缆走线等，其基本原则是使感受器和干扰源尽可能远离，输入与输出端口妥善分割，高电平电缆及脉冲引线与低电平电缆分别铺设。通过合理布局能使相互干扰减小到最低程度而又费用不多。

需要说明的是以上电磁兼容性设计都是针对电子产品工作中产生的"无意干扰"的，至于对于有特定目的的"有意干扰"，已属电子对抗范畴，采取的措施不尽一致。

5.3.3　电场屏蔽的原理及屏蔽物的结构要点

1. 电场屏蔽原理

电场屏蔽的最简单的方式是在干扰源与受感器之间加一块接地良好且导电性能良好的金属板，就可以把感应电荷短接到地以达到屏蔽的目的。

从定性分析来看,因为屏蔽体是良导体,则其电阻忽略不计,而且屏蔽体与地良好接触,则干扰源(带电体)通过分布电容在屏蔽体靠近干扰源那侧所感应的电荷能不受阻碍地全部流到地。屏蔽体上没有剩余电荷,也就不会干扰受感器(不带电体),起到了屏蔽作用。可见,对受感器的干扰程度决定于金属屏蔽体上有没有剩余电荷及剩余电荷的多少。而这又取决于屏蔽金属的导电性及金属与地之间的接触质量。理想状态下,金属本身无电阻及接地阻抗为零,这样受感器不会受到干扰。如这两者的阻抗越大,电荷流到地就越困难,在金属屏蔽体上剩下的感应电荷就越多,则对受感器的干扰就越严重。实验证明当金属屏蔽体与地之间接触不良,如它们之间存在间隙时,会使干扰变得比不屏蔽时更严重。可以用一个物体模型来定性模拟电场屏蔽原理,如图 5-28 所示。图 5-28(a)中,当带正电荷+Q 的导体 A 不屏蔽时,在导体与地之间就会形成一个电场。处在该范围内的电路就会受干扰;图 5-28(b)中,用一个不带电的金属壳 B 将 A 屏蔽起来但不接地,则 B 导体的内部会感应出负电荷,因 B 导体是电中性的,所以 B 导体的外部会感应出同样电量的正电荷+Q。则在 B 导体外部与地之间同样存在电场,所以 B 不接地时没有屏蔽作用。图 5-28(c)中,当 B 导体外接一良导体且 M、N 处接触良好,则 B 导体外部的感应电荷沿导体 MN 流到地,从而把电场限制在 B 导体的内部,起到了屏蔽效果。

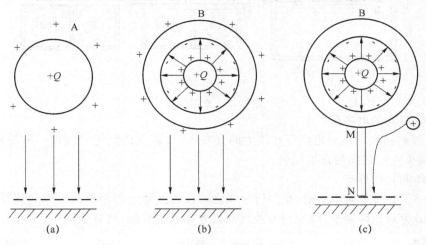

图 5-28　电场屏蔽的物理模型

　　综合上述讨论得出电场屏蔽的重要结论是:

① 屏蔽体必须用良导体,常用铜、铝等;

② 屏蔽体必须良好接地。

　　屏蔽物的形状一般有板、壳、罩、栅等形状。无论哪种形状,都必须保证感应到屏蔽物上的电荷能顺利畅通地流入地,即要保证这条通道上的阻抗小,为此要尽量保证这条通道上各点的接触质量。

2. 电场屏蔽物的结构要点

(1) 减少盖与盒体间的接触电阻

　　如图 5-29 所示,图 5-29(a)为在盒体上安装导电梳形簧片以提高盒盖与盒体之间的接触质量,降低接触阻抗。图 5-29(b)是将套有金属网的橡皮管填入盖与盒的凹槽中,利用螺钉、螺母紧固,从而改善盖和盒体的接触。

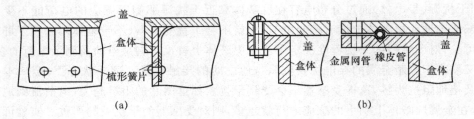

图 5-29 改善电接触的结构

(2) 用双层屏蔽盖结构可以进一步提高屏蔽效能

如图 5-30(a)所示,因为盒体的内表面与内层屏蔽盖构成了一个屏蔽盒,而盒体的外表面与外层屏蔽盖又构成了一个屏蔽盒,因此可以大大提高屏蔽效能。

(3) 在有隔板的屏蔽盒体上可采用共盖和分盖结构

如图 5-30(b)、5-30(c)所示,分盖结构比共盖的屏蔽效果好。

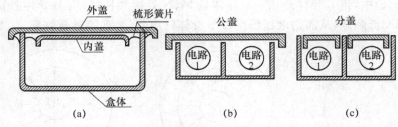

图 5-30 双层屏蔽

(4) 变压器的电屏蔽

变压器的初次与绕组之间存在较大的分布电容,若在两绕组之间加一电屏蔽层并接地,可以减少它们之间的寄生耦合。

(5) 印制导线屏蔽

图 5-31(a)为单面印制板,在两信号线之间设置接地的印制地线可以起到屏蔽作用。图 5-31(b)为双面印制板,除在信号线之间设置印制地线外,其背面铜箔也接地。

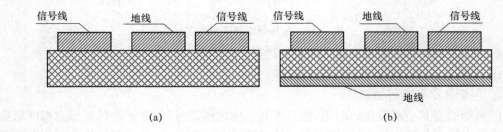

图 5-31 印制地线的屏蔽

5.3.4 低频磁场屏蔽的原理及屏蔽物的结构要点

1. 低频磁场屏蔽原理

减小低频磁场干扰的方法,除了合理地布置元器件、走线的相对位置和方位外,对于低频(如 50 Hz)交变磁场的干扰,可采用低频磁场屏蔽的方法来减小其影响,见图 5-32。

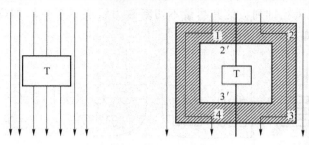

图 5-32　低频磁场屏蔽原理

图 5-32(a)中,T 为电子元器件或电路,当不加屏蔽地放在磁场中时,将会受到低频磁场干扰,如电子束受力发生偏转,改变磁性材料的磁化性能等。图 5-32(b)为用高磁导率材料做的一个屏蔽盒。磁力线通过时阻力很小,而空气的磁导率很低,磁力线通过时受到很大阻力。因此磁力线将绝大部分从屏蔽体上流过,只有很少量经过屏蔽体内的空气到达元器件 T 上。即磁力线主要经 1—2—3—4 线路流走,很少量经 1—2′—3′—4 流走,从而对 T 起到了保护作用。

综上所述,低频磁场的屏蔽原理就是磁分路原理,即用高磁导率的材料做成屏蔽体,使磁力线分路而起到屏蔽效果。屏蔽体导磁率越高,屏蔽体的壁厚越厚,磁分路作用就越好,屏蔽效果也就越好。几种常用材料的相对导磁率见表 5-9。相对导磁率是材料的导磁率与空气导磁率之比,空气的相对导磁率为 1。从表 5-9 中可知:作为低频磁屏蔽物的材料应选钢铁、不锈钢或坡莫合金,而不应选铜或铝等电的良导体。

表 5-9　几种常用材料的相对导磁率

材料	空气	银	铜	铝	金	黄铜	镍	青铜	钢	不锈钢	坡莫合金
相对导磁率	1	1	1	1	1	1	1	1	50～1 000	500	8 000～12 000

2. 低频磁场屏蔽物的结构要点

(1) 减小磁屏蔽盒在接口处的接缝

磁力线通过屏蔽罩的接口缝隙处时,将会受到很大的磁阻,使磁力线产生泄漏,因此在设计时缝隙处应有较大的重叠〔见图 5-33(a)中的 h〕,且应使配合紧密,尽量减小缝隙。还应注意缝隙与磁力线的相对位置,不应使接缝切断磁力线而增加磁阻。图 5-33(a)的安装是正确的,图 5-33(b)的安装则不正确。

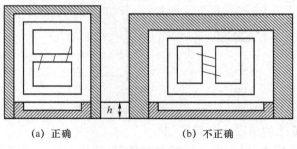

(a) 正确　　　　　　　(b) 不正确

图 5-33　减小接缝

（2）对屏蔽物上孔洞的布置

屏蔽物上的通风孔排列应使其尽量不切断磁力线或尽量少增加磁力线的长度，以降低孔洞处的磁阻，如图 5-34 所示。

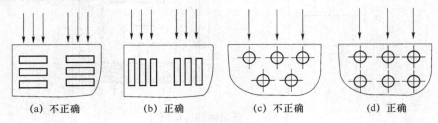

(a) 不正确　　　　　(b) 正确　　　　　(c) 不正确　　　　　(d) 正确

图 5-34　孔洞的正确布置

（3）双层屏蔽

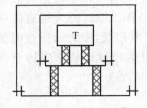

图 5-35　双层磁屏蔽

为了提高磁屏蔽的效果。除了选用高导磁性能的材料外，还可以增加磁屏蔽的厚度，一般为 1 mm 左右，最多不超过 2 mm，否则将使重量增加很多，且加工困难，缝隙的质量难以保证，反而会降低屏蔽效果，为此可采取双层屏蔽。即一层屏蔽体外再加一层屏蔽体，如图 5-35 所示。

5.3.5　电磁屏蔽的原理及屏蔽物的结构要点

1. 电磁屏蔽原理

对高频磁场的屏蔽就是对辐射电磁场的屏蔽。其原理可以从以下两个角度来解释。

（1）从电磁感应的角度来分析原理

如图 5-36(a)所示，g 是一个电磁干扰源，S 是受感器，J 是用电的良导体做的一个金属屏蔽板。只要将 J 良好接地，干扰源的电场分量 E_0 即被短接到地；对高频磁场分量 H_0 的屏蔽，利用的是涡流电的损耗原理。当高频磁场通过金属屏蔽板时，在其上就会感应出电势及涡流，涡流的电能即是从磁场转化而来。从屏蔽的角度看则是屏蔽了高频磁场 H_0。从该原理可以看出，高频磁场的屏蔽应采用电的良导体。这和低频磁场的屏蔽是不一样的。

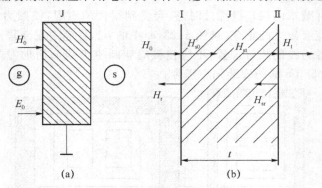

图 5-36　电磁屏蔽原理

（2）从电磁波传播的角度来分析原理

用电磁感应的原理来分析，看不出反射的情况，从传播的角度来分析，就看得很清楚。

如图 5-36(b)所示，H_0 经界面 I 反射 H_r 后剩下 H_{s0} 进入金属左边，经 t 厚度传到右边时，因被金属涡流吸收，剩下 H_{st}，在经界面 II 反射 H_{sr} 后，剩下 H_t 传到右边空间。从干扰场的 H_0 降为 H_t，就起到了屏蔽作用。根据电磁传播理论，E 与 H 是同时存在的，如果 H 降低为 H/R，则 E 也降低为 E/R，所以只要讨论其中之一即可。

电磁波在金属内的吸收损耗主要表现为涡流损耗。涡流的大小随其透入金属内部深度的增加而呈指数规律下降，因此涡流主要发生在金属表层，这一现象称为电流的集肤效应，而且电磁波的频率越高，集肤效应越明显，即干扰电磁能在金属很薄的一个表层上就衰减了很多。换句话说，屏蔽体不需要很厚即能起到很好的屏蔽效果。经计算对干扰源 f 有如下结论：

① 当 $f \geqslant 1\,\mathrm{MHz}$ 时，用 $0.5\,\mathrm{mm}$ 厚的任何一种金属板作屏蔽物，都可以使场强削弱到原来的 $1/100$；

② 当 $f \geqslant 10\,\mathrm{MHz}$ 时，用 $0.1\,\mathrm{mm}$ 厚的铜箔制成的屏蔽物，可以使场强削弱到原来的 $1/100$；

③ 当 $f \geqslant 100\,\mathrm{MHz}$ 时，用 $0.06\,\mathrm{mm}$ 厚的任何金属都能使场强削弱到原来的 $1/100$，这种情况下，在工程塑料上镀一层铜或银都可作屏蔽物。

2. 电磁屏蔽物的结构要点

如前所述，一个完整无孔的金属板很容易使干扰电磁场场强衰减到原来的 $1/100$。但实际产品的屏蔽盒往往存在接缝，还有各种各样的孔存在，如通风孔、观察孔、传动轴承孔等，这些孔能降低屏蔽效果，应处理好这些结构的屏蔽设计问题。

（1）缝隙的泄漏

在电磁屏蔽盒中，屏蔽盒体和盒盖之间常留有缝隙，这些缝隙将会产生泄漏，降低屏蔽效果。见图 5-37(a)，缝隙的深度为 t，宽度为 g，根据理论分析可知当 t 很大、g 很小时，缝隙的泄漏就很小。即深而窄的缝隙可以减小泄漏，图 5-37(b)、5-37(c)即是通过增加缝隙深度来减小泄漏。还可以在缝隙间垫上导电衬垫，以减小缝隙的尺寸，而且这也与电场屏蔽中改善电接触的作用相同。

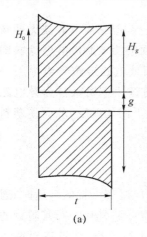
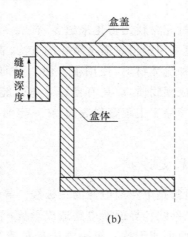
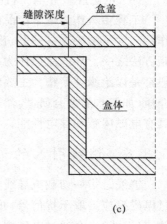

图 5-37 缝隙泄露及防护

（2）通风口的泄漏

由于通风散热或其他需要，在屏蔽物上往往要开一定数量的孔洞，这就造成了电磁场从屏蔽物的孔洞处泄漏，降低了屏蔽效果。为此应在屏蔽物上少开孔，开小孔。在孔洞的面积相等的情况下，正方形孔比圆型孔泄漏大，长方形孔比正方形孔泄漏大，主要是边长不同的原因。

当需要在屏蔽物上开大型孔洞时，为了减少电磁场泄漏，可在孔洞上安金属网，试验指出：

① 网孔小，网丝粗，网丝的导电性好，则网的屏蔽效果好；

② 在 100 kHz 至 100 MHz 的频段范围内，铜网有较好的屏蔽效果；

③ 如采用双层铜网，则屏蔽效果可更好；

④ 在 100 MHz 以上，金属网的屏蔽效果显著下降。

（3）高频线圈在屏蔽盒内的安装

高频线圈是一个典型的电磁干扰源。高频线圈与屏蔽罩的相互位置如图 5-38 所示。当高频线圈有电流流过时，线圈产生高频磁场，而屏蔽罩就感应出感应电流，这个感应电流产生的磁场与原磁场方向相反，所以屏蔽罩阻止了线圈的磁场向外传播，起到了屏蔽作用。为了增大屏蔽效果，屏蔽罩的接缝与孔洞不应切断涡流的形成，因此在屏蔽罩上沿周围方向开槽是正确的，而沿轴线方向开槽是不正确的。图 5-38（a）线圈垂直放置，感应电流不通过屏蔽罩与底板的接缝处，是正确的。图 5-38（b）的放置则不正确，接缝切断了涡流的形成。

 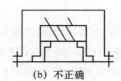

(a) 正确　　　　　　　(b) 不正确

图 5-38　高频线圈的安装

（4）电磁屏蔽导电涂料的应用

工程塑料作为电子产品的机壳材料用得越来越多，有很多优点，但它对电磁波无屏蔽作用。为了解决这一问题，普遍采用塑料表面金属化的方法，表面喷涂或刷涂导电涂料即是方法之一。导电涂料作为一种流体材料，使用很方便。目前国外电磁屏蔽导电涂料一般都是以绝缘高聚物为主要的成膜物质，以具有良好导电性能的磁性金属微粒为导电磁介质（如镍），经混合研磨，然后喷涂于工程塑料表面，在一定温度下固化成膜，从而使塑料具有电磁屏蔽和导电性能。

5.3.6　馈线引入的干扰及防护

馈线是指一切载流导线，通常是电路或电源的正极线。导线经过有干扰的环境时，通过电磁感应拾取干扰信号，并经导线传导而对电路造成干扰；干扰线路（馈线）对其附近的线路（馈线）也会通过电磁耦合而形成干扰。解决办法是对馈线进行隔离、滤波或对馈线进行屏蔽。

1．隔离

隔离就是将干扰线路与其他线路分割开来，使互相干扰的线路隔开一定的距离，以切断或削弱它们之间的耦合。

2．滤波

能够让某些频率的电流通过，而不让其他频率的电流通过的四端网络称为滤波电路（滤波器）。电磁波的干扰信号通常是高频，因此常采用低通滤波器来滤除。如图 5-39 所示的电路，当电路 2 的正极馈线耦合到了高频干扰信号 e_g 时，该干扰信号就会通过电源内阻 R_S 传到电路 2 和电路 1。为了防止这种干扰，在电路 1 和电路 2 的进线处，都加上低通滤波器 C-R-C。电路 1 的正极馈线的情况也是如此。

3．导线的屏蔽

高频导线的屏蔽，通常是在其外表面套上一层金属丝的编制网。中心高频导线称为芯线（内导体），套在外表面的金属网称为屏蔽层。芯线与屏蔽层之间衬有绝缘材料，屏蔽层外面还有一层绝缘套管，用以保护屏蔽线。这样的导体称为同轴射频电缆，如图 5-40 所示，有的在 3 与 4 之间还加有一锡箔屏蔽层，其中较细的称为屏蔽线，较粗的称为隔离电缆。

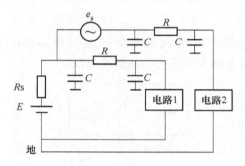

图 5-39　滤波抗干扰

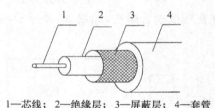

1—芯线； 2—绝缘层； 3—屏蔽层； 4—套管

图 5-40　导线的屏蔽

屏蔽层一端接地可以屏蔽电场，屏蔽层两端接地可以屏蔽磁场。屏蔽层与屏蔽盒在何处连接对屏蔽线的屏蔽效果影响很大。应注意屏蔽线用的要合理，有些情况下不能用，否则会影响电路的性能。这些问题不做详细讨论。

4．软件抗干扰技术

通过计算机软件程序来识别有用信号和干扰信号，并滤除干扰信号，或通过软件程序来恢复找回某一因干扰而飞掉的程序。如软件滤波、软件"陷阱"、软件"看门狗"技术等。

5.3.7　地线干扰及抑制

电子产品中的各类电路均有电位基准，对于一个理想的接地系统来说，各部分的电位基准都应保持零电位。产品内所有的基准电位点通过导体连接在一起，该导体就是产品内部的地线。电子电路的地线除了提供电位基准之外，还可以作为各级电路之间信号传输的返回通路和各级电路的供电回路。可见电子产品中地线设计面相当广。

"地"可以是指大地，陆地使用的电子产品通常以地球的电位作为基准，并以大地作为零电位。"地"可以是电路系统中某一电位基准点，并设该点电位为相对零电位，但不是大地零电位。例如，电子电路往往以产品的金属底座、机架、机箱等作为零电位或称"地"电位,但金属底座、机架、机箱有时不一定和大地相连接,即产品内部的"地"电位不一定与大地电位相同。但是为了防止雷击对产品和操作人员造成危险,通常应将产品的金属底座、机架、机箱等金属结构与大地相连接。电子产品的"地"与大地连接有如下作用。

① 提高电子产品电路系统工作的稳定性。电子产品若不与大地连接,它相对于大地将呈现一定的电位,该电位会在外界干扰场的作用下变化,从而导致电路系统工作不稳定。如果将电子产品的"地"与大地相连接,使它处于真正的零电位,就能有效地抑制干扰。

② 泄放机箱上积累的静电电荷,避免静电高压导致产品内部放电而造成干扰。

③ 为产品和操作人员提供安全保障。

1. 设置地线的意义

电子产品之所以要设置地线,是基于下列 3 个原因。

(1) 绝缘破坏时地线能起保护作用

在交流电网供电的电子产品中,如果机箱不接大地,一旦电源与产品机箱间的绝缘破坏,或电源变压器初级绕组与铁芯间的绝缘击穿,如图 5-41 所示,产品机箱就会带上电网电压,对操作人员的安全构成威胁。

(2) 防止产品感应带电而造成电击

对于一些机箱不接地的高频、高压大功率电子产品,其内部的高频、高压电路与机箱间存在杂散耦合阻抗,如图 5-42 所示,会使机箱上感应出危险的高频高电压。

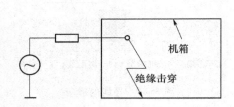

图 5-41　机箱因绝缘击穿带电

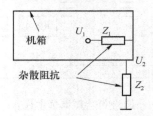

图 5-42　机箱因杂散阻抗带电

电子产品的机箱上带有高频高电压后,对操作和维修人员将构成威胁。一般人体能感觉到刺激的电流值大约是 1 mA;当人体通过的电流值为 5～20 mA 时,肌肉就产生收缩抽搐现象,使人体不能自离电线;当电流达数十毫安及以上时,将使心肌丧失扩张和收缩能力,直至死亡。人体对通过电流的反应随性别及电流频率而异的情况见表 5-10。

表 5-10　人体对不同性质电流的反应

性别 人体感受 通过的电流	男			女		
	直流/mA	交流(50 Hz)/mA	交流(10 kHz)/mA	直流/mA	交流(50 Hz)/mA	交流(10 kHz)/mA
有感觉,不太痛苦	5.2	1.1	12	3.5	0.6	8
有痛苦的感觉	62	9	55	41	6	37
痛苦难忍,肌肉不自由	74	16	75	50	10.5	50
呼吸困难,肌肉收缩	90	23	94	60	15	63

当产品机箱或按键上的电压超过规定的电压值后,就有触电的危险。为了保证操作和维修人员的安全,应把产品的机箱或底座等金属件与大地连接。以图 5-44 为例,如果机箱已接地,在电源线及变压器等器件的绝缘被击穿时,电源线中通过的大电流首先将保险丝熔断,使产品的机箱与电网脱离。保险丝一定要串联在电网的相线中,在中线串入保险丝仍不能排除触电的危险。

对于图 5-45 的情况,机箱接大地后,感应出的电压为零,这就消除了对人产生电击的可能。若机箱内有一强干扰源,将机箱接大地,还可抑制其电磁能量的辐射。

(3) 防止雷击事故

电子设施或产品受雷击可分两种情况,即直接雷击和感应雷击。夏日的雷云往往带有大量电荷,当雷云接近电子设施上空时,它可能通过电子设施对大地放电。雷电的放电电流达数千安,可在瞬间将电子产品或其他产品完全烧毁。防止直接雷击的有效方法是采用具有良好接地装置的避雷针。若电子产品为悬浮的不接地系统,雷云接近产品上空时可能在产品中感应产生大量电荷。当雷云通过其他物体放电后,在电子产品上感应的电荷可能对地或其他产品形成放电,导致电子产品故障或损坏。产品接地后,机箱上感应的电荷将随之流入大地,不致因电荷大量积聚而产生高压。

2. 地线中存在的干扰

地线中存在的干扰主要有两种:一种是地阻抗干扰;另一种是地环路干扰。

(1) 地阻抗干扰

见图 5-43,电源 E 给 A、B、C 3 个电路单元供电。为简化问题,设电源内阻为零,电压为 E。3 个电路单元共用一根地线。地线的各段都有阻抗。阻抗来自地线的电阻和交流感抗,而且主要是交流感抗的影响。若 oa 端的阻抗为 z_{oa},则 oa 段产生的压降为

$$e_a = z_{oa}(i_a + i_b + i_c) \tag{5-16}$$

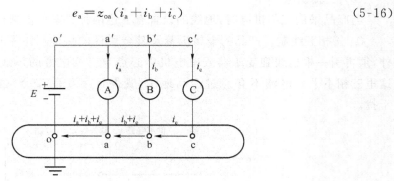

图 5-43 地阻抗干扰

则输入电路单元 A 的电压为

$$e_{a'a} = E - e_a = E - z_{oa}(i_a + i_b + i_c) \tag{5-17}$$

由式(5-17)可知,电路单元 A 已受到地阻抗的干扰,且各电路之间的电流相互干扰。其他电路单元的情况与此类似。

（2）地环路干扰

见图 5-44，电路的电源正极线与地构成了一个闭合的环路。当交变的磁场穿过这一闭合环路时，就会感应出干扰电压 e_g，则加到电路单元 2 的电压就不是 e_s，而是 $e_s - e_g$，这一闭合环路包含地线，因此称为地环路干扰。

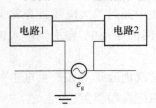

图 5-44　地环路干扰图

3. 设置地线的方法

在进行电子产品机箱结构设计时，必须在机箱上设置接地端子。对于小型电子产品，机箱的接地可直接经安全电源插座中的接地插孔连接到大地。

（1）单相供电

为便于电子产品的机箱与地线连接，实验室或安装电子产品的工作室常采用单相三线制供电，如图 5-45 所示。图中相线是 Y 形三相供电系统中任一相，中线即 Y 形供电系统的回线，而地线就是机箱接入大地的导线。正常工作时地线不通过电流，无电压降，与之相连接的机箱都是"地"电位。功率不太大的电气、电子产品，其安全地线不一定与配电房的中线接地桩相接，可在实验室就近埋入接地桩，供安全地线接地用。

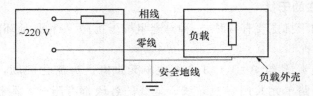

图 5-45　单相三线制供电线路

（2）三相供电

当产品采用三相供电时，地线的设置有下述两种方案可供选择。

① 三相五线制。产品的金属机箱及其金属件的接地线除了通过接地桩就近接大地外，须再引一根地线到变压器或发电机中心点与三相电源的零线相接，如图 5-46 所示。这里三相不平衡电流不会通过产品地线，既保证了产品安全，也有利于消除工频附加干扰。

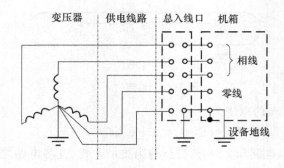

图 5-46　三相五线制接地系统示意图

② 三相四线-五线制。有些场所无法专设一个地线至供电变压器或发电机,这时可采用如图 5-47 所示的三相四线-五线制接地系统。把产品机箱的接地线接入地桩后,再在总线入口处与电源零线端接,这样可兼顾安全,并防止三相不平衡电路引起的工频干扰。

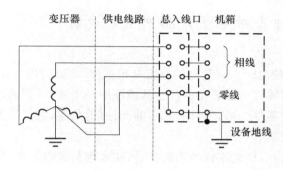

图 5-47　三相四线-五线制接地系统示意图

4. 接地装置

接地装置是指埋入地下的板、棒、管、线等导电体,要求它们具有良好的抗腐蚀性及小的接地阻抗。不同的设施和场所对接地电阻有不同的要求,例如电磁屏蔽室的接地电阻一般应小于 4 Ω。对于雷电保护的接地电阻一般应小于 10 Ω,以地下管线等电位搭接为前提。

① 埋设铜板。将铜板或用扁铜条围成的框埋入地下,然后用多股铜线或铜带引出地面与实验室地线相连接。

② 打入地桩。将包铜钢棒(管)打入地下 2 m 左右作为接地桩。当一根桩的接地电阻太大时,可用多根同样粗的钢棒打入地下,再用导体并联连接成一体,连接导体与地桩应采用熔焊接头。为进一步减小连接电阻,可在地桩周围埋入降阻剂。最简单的降阻剂是木炭,以及土、水、盐混合的浆土,其配方比例为 1∶(1～2)∶0.2。

③ 钻孔法。钻孔法即用钻机直接往地下打孔,一般深度 10～30 m,孔径 6 cm 左右,然后把与孔深等长的接地棒埋入。对一般土壤,深度 5～15 m 时,其接地电阻可小于 10 Ω。

④ 埋设导线。在地面挖深 0.6～1 m,长几十米的沟,在沟内埋入铜导线,且在导线周围填入上述降阻剂,这对山区或冻土地带的临时敷设地线是比较方便、现实的方法。

⑤ 地下管道。城市中的地下水管网是一种简单方便的接地装置,其接地电阻可能小于 3 Ω。一般仅能利用地下管网作为辅助接地装置,必须以专门埋设的接地桩为主,而且还应注意到,当接地线中有直流电流时,管道材料会加速电化学腐蚀。

5.4　机械振动与冲击的隔离

机械振动是物件受到交变力的作用,在某一位置附近的往复运动,而冲击则是一个能量(动能)在一个极短的时间内传递给某一系统,并且传递过后,系统的运动(振动)会自然衰减,由于这个过程极短,所以能量传递的过程中会产生很大的冲击力,造成产品的破坏。这是对电子产品产生破坏的两种主要因素,必须研究防护方法。而在这两种因素中,振动造成的破坏占 80%,而冲击占 20%,这主要是因为振动力虽小,但反复进行,引起材料的疲劳破坏之故。本节将以振动为主要对象进行讨论。

5.4.1 振动和冲击对电子产品产生的危害

1. 危害

振动和冲击可能使电子产品受到的危害有很多种,此处列出主要的几种:

① 没有附加紧固零件的插装元器件会从插座中跳出来,碰到其他元器件造成损坏;

② 振动引起弹性零件变形,使具有触点的元件(电位器、波段开关、插头插座)可能产生接触不良或完全开路;

③ 指示灯忽暗忽亮,仪表指针的不断抖动,使观察员读数不准,视力疲劳;

④ 零件固有频率与激振频率相同时,会产生共振现象,例如可变电容器片子共振时,使电容量发生周期性变化,振动使调谐电感的铁粉芯移动,引起电感量变化,造成回路失谐,工作状态破坏;

⑤ 导线变形移位,引起分布参数的变化,造成电容、电感的耦合干扰;

⑥ 锡焊或熔焊处断开;

⑦ 材料变形,脆性材料破裂;

⑧ 密封和防潮措施破坏;

⑨ 螺钉、螺母松开。

2. 破坏形式

破坏形式分为两种。

① 强度破坏。产品在某一激振频率作用下产生共振,其振幅越来越大,最后因振动加速度超过产品的极限加速度而破坏,或者由于冲击所产生的冲击力超过了产品的强度极限而使产品破坏。

② 疲劳破坏。振动加速度或冲击引起的应力虽远远低于材料在静载荷下的强度极限,但由于长期振动冲击使产品疲劳破坏。

产品破坏的原因,除了零部件的设计、制造和装配质量等不合格以外,主要是在设计整机或零部件时,没有考虑防振和缓冲的措施,或者因振动、隔离系统设计不正确所造成的。

3. 防护措施

为了减小振动和冲击的影响,保证电子产品在振动和冲击的情况下仍能可靠地工作,常采用以下两个方面的措施。

(1) 提高电子产品各元器件及结构件本身的抗振动、冲击的能力

采用各种方法使元器件及结构件有足够的强度与刚度,如图 5-48 所示。图5-48(a)是改变元器件的安装方式;图 5-48(b)将元器件紧贴印制板,并用环氧树脂贴牢;图5-48(c)是将元器件用固定夹固定;图 5-48(d)是用穿心螺钉或固定支架来固定大功率穿

心电阻；图 5-48(e)是用压板螺钉或特制支架来固定插入式元器件或变压器。

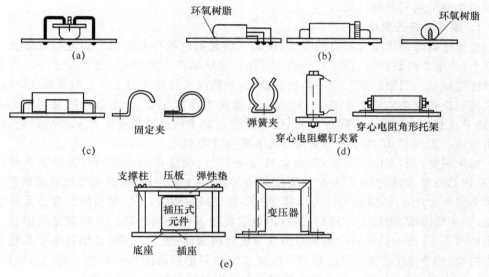

图 5-48　各种元器件的安装固定方法

（2）采取隔离措施

隔振措施分两种：一种是主动隔振；另一种是被动隔振。

① 主动隔振。见图 5-49(a)，振源产生周期变化的力，力幅为 U，在振源与支承之间加一弹簧（减振器），则振源的力 U 被弹簧吸收，支承上的力很小，因此支承基本不振动，则安装在支承上所有电子产品都受到了保护。

② 被动隔振。见图 5-49(b)，支承有周期性的振动，振幅为 A，在支承与电子产品间安一个弹簧（减振器），则支承的振动被弹簧吸收，故支承的振动基本上不传到电子产品上去，这样也保护了电子产品。例如，汽车在不平坦的路上行驶时，路面的波动造成汽车本身的振动，为了减小汽车振动对电子产品的影响，在电子产品与汽车车架间安装减振器即是被动隔振。

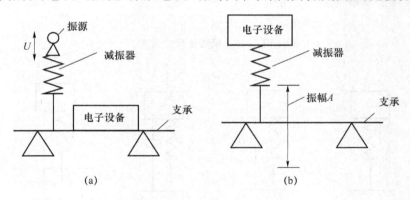

图 5-49　主动隔振与被动隔振

5.4.2　隔振基本原理

主动隔振和被动隔振的共同点是安装减振器（弹簧），但减振器安上去后，可能使要保护的电子产品的振动减小了,也可能使振动比原来更大。因此必须了解振动的基本原理,否则可能会得到相反的结果。

1. 振动系统的组成

机械振动时物体受交变力的作用,在某一位置附近做往复运动。如电动机放在一简支梁上,当电动机旋转时,由于转子的不平衡质量的惯性力引起电动机产生上下和左右方向的往复运动。当限制其左右方向的运动时,就构成了最简单的上下方向的振动(单自由度系统的正弦振动),如图 5-50(a)所示。电动机放在简支梁上,电动机的转动中心在 O 点,转子质量为 m',重心偏移在 O' 点,偏心距为 e,转子转动的角速度为 ω,则转动时,转子产生的离心力为 U,U 的垂直分量为 U_y,水平分量为 U_x。

如果限制左右方向的运动,则电动机仅受 U_y 的交变作用。如果只考虑简支梁的弹性,不计其质量,电动机连同底座的质量为 m,视为一个集中质量,则电动机的振动模型可表示为图 5-50(b),该图即为其力学模型。研究机械振动时,往往把实际的复杂系统进行简化,抓主要因素,得出力学模型,然后用力学模型进行分析计算。几种常见的振动力学模型如图 5-51 所示,5-51(a)是单自由度系统自由振动;图 5-51(b)是单自由度系统阻尼自由振动;图 5-51(c)、5-51(d)是单自由度系统的强迫振动的两种形式。图5-51(c)中激振以交变力形式存在,图 5-51(d)中激振以支承振动位移的形式加于系统。

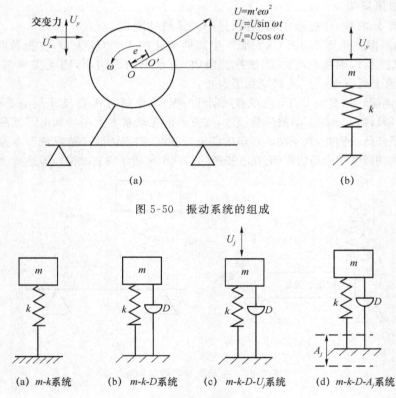

图 5-50 振动系统的组成

图 5-51 常见的振动力学模型

2. 单自由度系统的无阻尼自由振动

物体只有弹性回复力和重力的作用,并只能在一个方向上振动的机械振动称为单自由度系统的无阻尼振动。其物理模型见图 5-52(a)。该系统在重力 mg 的作用下,将弹簧压缩了 λ_s,弹簧将产生向上的一个力,当弹簧力与物体的重力平衡时称为静平衡。静平衡时有 $mg=k\lambda_s$。将静平衡位置作为坐标原点,建立物体的坐标系,则振动过程中,物体的振动方程为

$$Z=A\sin(\omega t+\varphi) \tag{5-18}$$

该方程是一个正弦曲线,见图 5-52(b),A、φ 为振动的振幅及初相位,由初始条件计算出。

振动的频率为

$$\omega=\sqrt{K/m}(\text{rad/s}) \tag{5-19}$$

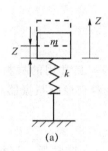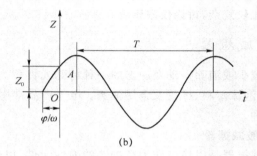

图 5-52　单自由度系统的无阻尼自由振动

因 m、k 是振动系统自身固有的,所以该频率 ω 也称为固有频率。固有频率是一个很重要的概念,要充分注意。为了区别,常用 ω_0 表示固有频率。

固有频率也可以用 f_0 表示,表达式为

$$f_0=\frac{\omega_0}{2\pi}=\frac{1}{2\pi}\sqrt{\frac{k}{m}}(\text{Hz}) \tag{5-20}$$

从图 5-52(b)可以看出,这种振动只要一开始,就会不停地进行下去,这显然是不行的。只要给振动系统加上阻尼 c(常用阻尼比 D 表示),如图 5-51(b)所示,振动就很快消失,这种振动称为阻尼自由振动。

3. 单自由度系统的阻尼强迫振动

实际产品的持续振动是靠外来激振对弹性系统做功,即输入能量以弥补阻尼所消耗的能量来进行的。激振有两种形式:一种情况是以交变力的形式激振,激振力幅值为 U_j,如图 5-51(c)所示;另一种情况是以支承正弦振动的形式给出,位移的幅值为 A_j,如图 5-51(d)所示。这两种情况造成产品振动的结果是一样的,它们只沿一个方向振动,并且都有阻尼器,因此我们把这种振动方式称为单自由度系统的阻尼强迫振动。单自由度系统的阻尼强迫振动也是常见的一种振动形式。

4. 隔振原理分析

经过分析可知,只有当 $f_j>\sqrt{2}f_0$ 时,强迫振动的振幅 A 才小于外激振动的振幅 A_j,这时才有隔振作用。当 $f_j<\sqrt{2}f_0$ 时,$A>A_j$,此时安装减振器不但起不到减振作用,还会放大振动,有害;当 $f_j=\sqrt{2}f_0$ 时,$A=A_j$,是放大与减振的临界点。所以电子产品的减振

应正确选择固有频率 f_0，使 $f_j > \sqrt{2} f_0$。由式(5-22)知 f_0 取决于 m 及 k，一般产品的 m 已定，所以只有选择 k，即正确选择减振器的偏强系数 k 来改变固有频率 f_0，使 $f_j > \sqrt{2} f_0$，从而使 $A < A_j$，达到减振的目的。

为了避免机器在启动或停车时经过共振区发生共振，D 应选较大为好，以降低共振时的幅值，尽管这样做在减振区时仍会损失一些隔振效果。

冲击是一种急剧的瞬间运动。物体的跌落、突然的刹车都是这种情况。隔冲也是用减振器来吸收冲击能量，此后以减振系统的固有频率把冲击能量缓慢释放出来，从而减小了冲击力，保护了电子产品。隔振要求弹簧较软，隔冲要求弹簧较硬，这是一对矛盾。实际问题中，主要是看振动与冲击哪一个危害更大，从而决定选择较软的还是较硬的弹簧。隔冲问题比较复杂，讨论仅限于此。

5.4.3 减振器

用来减少或消除振动及冲击的一种特殊元件称为减振器。其常用的材料有毛毡、蜂窝式纸板、泡沫塑料、橡胶及金属弹簧。电子产品常用的减振器有橡胶减振器和金属弹簧减振器两种。

1. 橡胶减振器

橡胶减振器是以橡胶作为减振器的弹性元件，以金属作为支撑骨架。这种减振器由于使用橡胶材料，因此有较大的阻尼，能有效地吸收频率较高的振动，当振动频率通过共振区时，也不致产生过大的振幅。橡胶能承受瞬时的较大变形，因此能承受冲击力，隔冲性能较好。这种减振器的缺点是由于采用了天然橡胶，因此温度对减振器参数影响较大，且怕油污、酸、光照等。此外，天然橡胶易老化，应定期更换。近几年来由于采用了人工合成橡胶，部分改进了性能。如丁晴橡胶可在油中使用，硅橡胶的使用温度可提高到 115 ℃。图 5-53 是

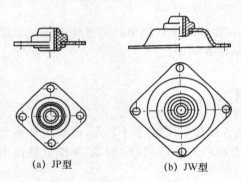

(a) JP型 (b) JW型

图 5-53 JP 型及 JW 型减振器

JP 型平板式减振器及 JW 型碗型减振器的示意图。

2. 金属弹簧减振器

它用金属材料作为弹性元件(如弹簧钢板、钢丝)。常见的有圆柱形弹簧、圆锥形弹簧及板簧。这种减振器的优点是：对环境反应不敏感，适用于恶劣环境，如高温、高寒、油污等；工作性能稳定，不易老化；刚度变化范围宽，可以制作得很软，也可以很硬。其缺点是阻尼比很小($D \leqslant 0.005$)，因此必要时还应另加阻尼器。图 5-54 为常见的一种金属弹簧减振器。

在减振器的安装布局上，应尽量消除各个方向的振动之间的干扰。一般是使减振器布置尽量对称于产品的重心，并且产

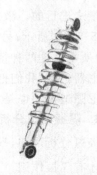

图 5-54 金属弹簧减振器

品的重心处在几个减振器形成的平面内,如图 5-55 所示,O 为产品的重心。

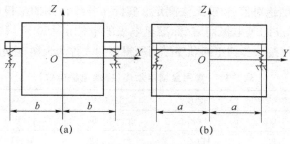

图 5-55　减振器的布置

5.5　腐蚀及防护

电子产品中大量应用金属和非金属材料,在各种各样严酷的气候条件下,特别是在高温、高湿和有大量工业气体污染及盐雾等恶劣环境中,金属材料特别容易受到腐蚀,从而严重影响电子产品的可靠性和寿命,因此,结构设计中对腐蚀防护是一个重要的环节。金属的腐蚀最为严重,所以本节主要讨论金属的腐蚀及防护,同时还对电子产品的防潮湿、防霉菌也做简单介绍。

5.5.1　金属的腐蚀及防护

金属材料与周围腐蚀介质发生化学和电化学作用而使金属受到破坏的现象称为金属腐蚀,其中主要的是电化学腐蚀。金属腐蚀的结果是金属从元素转入化合物状态,因而失去其作为金属材料的宝贵性能。钢铁零件在潮湿的大气中生锈便是金属腐蚀最常见的例子。金属的化学腐蚀是金属在干燥的气候下的腐蚀和在非电解质溶液下的腐蚀,腐蚀过程没有电流产生。金属的电化学腐蚀是金属在电解质溶液中以原电池的形式发生的腐蚀,腐蚀过程中有电流产生,有阳极和阴极两个电极以及阴阳两个电极电位差,这是金属电化学腐蚀的必备条件。金属在潮湿的大气中及海水盐雾环境中的腐蚀都属于电化学腐蚀。本节主要介绍金属的电化学腐蚀及防护。

1. 金属的电极电位

如前所述,金属阴、阳两极的电位差是金属电化学腐蚀的必备条件之一。那么什么是金属的电极电位呢?根据电化学的理论,当金属放入水中或电解质溶液中时,金属表面因失去金属离子,使其表面积累了剩余的电子而带负电,溶液因溶入了金属离子而带正电。于是在金属—溶液界面形成了"双电层",如图 5-56 所示。

锌、钙、镁、铁等金属能形成这种类型的双电层。铜、汞、铂等在各自的盐溶液中则形成与此相反的双电层。

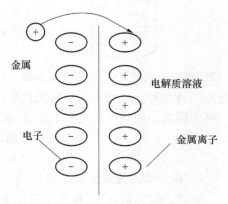

图 5-56　双电层示意图

"金属—溶液"体系即称为电极,双电层的电位差即称为电极电位,简称电位。

2. 金属电动序

双电层的电位差的绝对值,目前无法测定。实际工作中使用的电极电位概念是一个相对值,是指该电极相对标准的氢电极而言(标准氢电极的电位定为 0 V),称为氢标的电极电位。将金属的氢标电极电位按从负到正的顺序排列所得到的表称为金属电动序,见表 5-11。

表 5-11　常用金属电动序(标准电极电位)

金属	电位/V	金属	电位/V	金属	电位/V
锂(Li)	−3.02	锰(Mn)	−1.05	铅(Pb)	−0.126
钾(Ka)	−2.92	锌(Zn)	−0.762	氢(H)	0
钙(Ca)	−2.87	铬(Cr)	−0.71	铜(Cu)	+0.345
钠(Na)	−2.71	铁(Fe)	−0.44	汞(Hg)	+0.798
镁(Mg)	−2.34	镉(Cd)	−0.40	银(Ag)	+0.799
钛(Ti)	−1.75	钴(Co)	−0.207	钯(Pd)	+0.83
铍(Be)	−1.70	镍(Ni)	−0.25	铂(Pt)	+1.2
铝(Al)	−1.67	锡(Sn)	−0.136	金(Au)	+1.42

当电位值为负时,称为负电性金属;当电位为正时,称为正电性金属。电位越负表示金属以离子状态转入溶液的可能性越大,被腐蚀的可能性也越大,电位越正,这种可能性越小。因此电位值的高低,标志着金属化学稳定性的高低。

3. 金属的电化学腐蚀过程

当将两种金属放在装有电解液的同一器皿中,并用导线连接时,导线上便有电流流过,这种装置称为原电池。如图 5-57 所示,它由锌板、铜板和硫酸液组成。锌与硫酸液构成一个电极,铜与硫酸液也构成一个电极。因锌电极的电极电位为 −0.762 V,低于铜电极的 +0.345 V,则锌元素有更多的锌离子进入溶液,在锌板上留下更多的电子,当用导线连接锌板和铜板时,因锌板上的电子浓度大,故电子沿导线流到铜板,形成电流。电流的方向自铜板经外导线指向锌板,流到铜板上的电子与溶液中的 H^+ 结合生成氢气溢出。若该过程不断进行,则锌板不断被溶解,直到锌板被完全溶解腐蚀掉

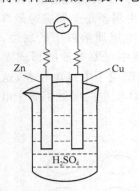

图 5-57　金属的腐蚀——原电池原理

为止。这就是金属的电化学腐蚀过程。在这个腐蚀电池中,规定被腐蚀的一极为阳极,另一极为阴极。此例中锌电极为阳极,铜电极为阴极。电极反应式为:

阳极　金属溶解　　$Zn \rightarrow Zn^{++} + 2e$

阴极　氢离子还原　　$2H^+ + 2e \rightarrow H_2 \uparrow$

4. 电化学腐蚀发生的条件

从以上的分析可知,电化学腐蚀发生的条件有 3 个:

(1) 存在电解质溶液,以形成金属—溶液电极;

（2）两种不同的金属，以产生电位差；

（3）两种金属相互接触，使电子移动。

在实际问题中，即使是同一种金属，在潮湿的空气环境中也能发生电化学腐蚀。因为金属可能存在杂质，当杂质和主体金属处在潮湿的空气中，就可能形成两个电位不同的电极，它们本身就互相接触，故满足电化学腐蚀的 3 个条件，所以可以发生电化学腐蚀。这些杂质和主体金属构成了许多微型腐蚀电池形式，所以称为微电池腐蚀。实际上同一种金属，只要局部的覆盖物（如氧化物）不一样，或各部分在不同的溶液中（如铁杆一半在土里，一半在空气中）就可能形成电位差，发生电化学腐蚀。这就是为什么金属电化学腐蚀非常普遍的原因。

金属的大气腐蚀、海水腐蚀、土壤腐蚀、电解质溶液腐蚀、接触腐蚀、应力腐蚀、生物性腐蚀、电解腐蚀等都是电化学腐蚀。

5.5.2　金属电化学腐蚀的防护

1. 选择耐腐蚀材料

选择耐腐蚀材料的方法有两种：一是在金属中选择耐腐蚀材料；二是在非金属中选择。

（1）金属材料

金属这类材料中，根据电动序的大小的不同，它们耐腐蚀的能力也不同，通常可分为 4 类：

① 化学性能十分稳定。不需要任何防护就可以在较严酷的气候中使用，如金、银、金铜合金、不锈钢等；

② 耐腐性较高。在无防护时，可用于室内或一般气候中，在湿热和盐雾条件下，必须由防护涂覆，如铬钢、铬镍钢、镉、镍、铅、锡、锡铅合金等；

③ 耐化学性能较低。在有一定防护时才能用于室内一般气候条件，如纯铁、碳钢、铸铁、坡莫合金、锡锌青铜、黄铜、铝、硬铝、锌等；

④ 耐腐蚀性极差。只有在可靠的涂覆下，才能用于室内及良好的气候条件下，如铬锰铜、镍铬硅钢、铅、镁、锌合金等。

（2）非金属材料

在有些条件下，可以考虑用非金属材料代替金属材料，以求得更好的防蚀效果。非金属材料很多，如塑料、玻璃钢、橡胶、陶瓷等，只要使用得当，都可以作为电子产品的防蚀材料。

2. 合理设计金属结构

（1）避免接触腐蚀

所谓接触腐蚀是指不同电极的金属相接触时，电位较低的金属发生的腐蚀。因为不同金属相接触的情况在电子产品中很常见，设计不合理，就会发生接触腐蚀，所以设计时应引起足够重视，可以采取下列方式避免产生接触腐蚀。

① 通过合理选材降低相互接触的金属（或金属镀层）之间的电位差。一般规定相互接触的两种金属的电位差要小于 0.5 V，甚至更低。但要注意，电极电位是与溶液有关

的,同一种金属在不同的溶液中其电位值是不一样的,所以绝不能以标准电极电位的电位差为计算依据,必须根据金属材料在所考虑的溶液中的电位来计算电位差。

② 必须把不允许接触的金属材料装配在一起时,可以通过电镀来改变金属表层的电位或采用在两种金属之间垫绝缘材料的方法来避免接触腐蚀。

(2) 避免不合理的结构设计

不合理的结构形式常引起机械应力、热应力、积水等现象产生,从而在金属表面形成电化学不均匀性,引起或者加速金属的腐蚀,故设计时应尽量避免这些不合理的结构,如避免积水结构,避免在潮湿较大的情况下采用点焊或铆接结构等。

3. 采用耐腐蚀覆盖层

在金属表面施加覆盖层,使金属与周围介质隔离开来,避免腐蚀,这是电子产品应用最普遍的防护方法。根据构成覆盖层的物质不同,可将覆盖层分为 3 类,即金属覆盖层、非金属覆盖层和化学处理层。

(1) 金属覆盖层

一般称为金属镀层,从其功能来分,金属镀层有防腐镀层、防腐—装饰性镀层、导电性镀层、耐磨性镀层、中间镀层、焊接性镀层等。常用的镀层金属有:锌、镉、锡、铜、铬、镍、银、金、钯、铅锡合金等。其中锌、镉、锡等主要作为防腐性镀层使用。

若按镀层金属和基体金属电位的相对高低来分,金属镀层可分为阴极镀层和阳极镀层。如锌、镉比铁的电位低,腐蚀时锌或镉作为阳极被腐蚀,保护了铁,所以锌镀层、镉镀层均为钢铁零件的阳极性镀层。而锡则为钢铁零件的阴极镀层,在镀层表面完整无孔时,也可以保护钢铁不受腐蚀,但若镀层表面破裂,则铁为腐蚀电池的阳极,先被腐蚀。

(2) 化学层处理

是利用化学或电化学的方法使金属表面形成某种化合物,而形成覆盖层,以达到防腐目的。化学处理有发蓝、氧化和钝化。在黑色金属上用化学方法形成一层氧化膜称为发蓝;用化学或电化学方法在铝及铝合金表面形成一层氧化膜称为氧化;把钢铁零件放入磷酸盐溶液中浸泡,获得一层磷酸盐薄膜称为钝化或磷化。

(3) 非金属覆盖层

不含金属的覆盖层即为非金属覆盖层,用得最广的是油漆覆盖层。漆膜具有一定的防护(防锈防腐)与装饰作用(如赋予鲜艳的色彩、美丽的花纹等),此外某些油漆还赋予零件以绝缘、耐高温、保护色等特殊性能。除油漆外,非金属覆盖层还有塑料涂敷层,以及对金属腐蚀起短期防护作用的机油、凡士林等。

(4) 基本要求

无论哪一种覆盖层,除了必须在介质中具有足够的稳定性外,还应满足下列基本要求,才能具有良好的防护性能。

① 结构紧密完整无孔,不透过介质;

② 与基本金属黏接力强;

③ 硬度高、耐磨;

④ 均匀分布在被保护的金属表面。

4. 电化学保护

通过外加电流使阴极金属的电位降低到与阳极相等,则腐蚀不会产生,这称为阴极保护,或者将要保护的金属与外电源的正极相连,使金属电位升高,由活性状态转为钝态称为阳极保护,阴极保护和阳极保护均称为电化学保护。

5.5.3　潮湿的防护

气候条件对电子产品的影响是多方面的,但从产品产生故障的直接原因来看,潮湿是主要的因素。

1. 潮湿的危害

潮湿的气候条件能引起金属的电化学腐蚀及加快腐蚀速度,这在前面已讨论过。除此之外,潮湿还具有下列破坏作用。

① 使非金属材料性能变化,失效。一些吸潮性大的材料(如纸制品、尼龙等)吸潮后发生溶胀、变形、强度降低乃至机械破损。水分进入材料内部还会降低绝缘性能。潮湿还会使油漆覆盖层起泡、脱落而失去保护作用。

② 水分子是一种极性分子,能够改变电器元件参数。例如,水附在电阻器上,会形成漏电通路,相当于在电阻器上并联了一个可变电阻。

③ 潮湿有利于霉菌的生长与繁殖。

电子产品中材料的腐蚀老化、性能变化以及元器件参数改变、性能下降,将使整机产品产生诸如频率漂移、震荡幅度增大、功能和效率降低、灵敏度和选择性降低等故障。

2. 防潮处理的一般措施

(1) 密封

密封即是把电子产品封闭在密封的外壳中。密封可以使产品内部的零件免遭空气水分和其他侵蚀性介质的侵蚀,是一种使产品适应恶劣环境的有效方法,但密封时要注意密封外壳的防腐问题,以及产品的使用和维修困难问题。

(2) 涂敷和浸渍防潮涂料

用喷涂、浸渍等在需要防潮的构件表面涂覆防潮绝缘漆,是一项常用的有效防潮措施。喷涂是将防潮涂料喷涂于材料的表面,浸渍是元器件浸泡在防潮的绝缘清漆中,让绝缘清漆分子渗透到需要防潮处理的材料和元器件内部,如线圈绕组、变压器等均用此法。防潮漆除了防潮作用外,还能提高抗电强度及热稳定性。

常用的防护漆有:环氧绝缘清漆、聚氨脂绝缘清漆、环氧-聚酰胺绝缘清漆、有机硅改性聚氨脂绝缘清漆。

(3) 灌封

灌封是用热熔状态的树脂、橡胶等将电器元件浇注封闭,形成一个与外界完全隔绝的独立整体。灌封除可保护电子元器件避免潮湿、腐蚀外,还能避免强烈的振动、冲击及剧烈的温度变化对电子元器件的不良影响。此法多用于小型的单元、部件及元器件,如小型变压器、密封插头、固体电路微膜组件及集成电路等。

5.5.4　霉菌的防护

1. 霉菌的危害

霉菌属于细菌中的一个系列,它能在土壤及多种有机或无机材料(如纸、皮革制品、木制品、塑料、布料)的表面滋生和繁衍。

霉菌的危害有两种:直接危害是霉菌从有机材料中摄取营养生长,从而使材料结构破坏(有的材料甚至被分解),强度降低,物理性能变化,电性能恶化,同时,霉菌本身作为导体可造成短路故障;间接危害是指霉菌的新陈代谢过程中分泌出的二氧化碳及其他酸性物质引起金属腐蚀和绝缘材料的性能恶化,同时,材料生霉还影响了外观及装饰性功能。

2. 防止霉菌的一般方法

(1) 控制环境条件,抑制霉菌的生长

霉菌的生长需要适宜的条件。最适宜的生长条件为:温度在 25～30 ℃,高于30 ℃ 则很难生长,高于 60 ℃ 则很容易死亡;相对湿度要大于 65%,但不能达到 100%,水分太多亦无法生长。因此只要控制了温度及湿度,就可以控制霉菌的生长。例如,可以在电子产品内放入干燥剂,采用空调使产品保持较低的温度,可以收到良好的效果。

(2) 使用抗霉材料

皮革、木材、棉织品、纸制品上易长霉,而石英粉、云母等则不易长霉。

建议选用玻璃纤维、石棉、云母、石英为填料的压塑料;橡胶易利用氟橡胶、硅橡胶、乙丙橡胶及氯丁橡胶等合成橡胶;黏合剂及密封胶宜采用以环氧酚醛、有机硅环氧等合成树脂(或合成橡胶)为基本成分的黏合剂;绝缘漆则宜用改性环氧树脂漆和以有机硅为基本成分的油漆。

(3) 防霉处理

当必须使用不耐霉或耐霉性差的材料时,则必须使用防腐剂进行处理。防霉剂的使用方法有 3 种。

① 混合法。把防腐剂与材料的原料混合在一起,制成具有抗霉能力的材料。如防霉塑料及防霉漆等。

② 喷涂法。把防霉剂和清漆混合,喷涂于整机、零件和材料表面。

③ 浸渍法。制成防霉剂稀溶液,对材料进行浸渍处理。对棉纱、纸张可以使用此方法。

必须指出,各种防霉剂都具有不同程度的毒性或难闻气味,使用时应注意劳动保护。

盐雾属于海水腐蚀一类,会使金属产生电化学腐蚀,在 5.5.2 节已讨论过,此处不再讨论。通常把防潮湿、防盐雾、防霉菌称为"三防"。

小　结

产品可靠性是指产品在规定的条件下和规定的时间内完成规定功能的能力,它和人身安全、经济效益密切相关。提高产品可靠性,可以防止故障和事故的发生,尤其是避免灾难性事故的发生,也能使产品总的费用降低。提高产品可靠性的方法主要是在电子线路上采取措施,采用备份系统,采取各种防护措施。

电子产品工作时,有很多的电能转化成热能,使电子产品的元器件温度升高,而元器件允许的工作温度都是有限的,因此,可以在热源至外空间提供一条低热阻的通道,保证热量迅速传递出去,以便满足可靠性的要求。我们可以采用各种自然散热和强迫散热的方式来确保产品的可靠性。

在设计电子产品时,为使其在预定的工作场所能正常工作,要保证既不受周围的电磁干扰的影响,又不对周围的产品施加干扰,首先要从各种电磁干扰的理论加以分析,然后从根本上施加相应的屏蔽和防护措施。

机械振动和冲击可能使电子产品受到很大的危害,要从理论上分析它们产生的原因,并施以相应的防护措施。可以用金属弹簧和橡胶等减振器来减少或消除振动及冲击,以提高产品的可靠性。

电子产品的金属材料和周围腐蚀介质总会发生化学反应和电化学作用,当金属被腐蚀后会使产品遭到破坏。因此,在设计电子产品时,要设计相应的措施来防潮湿、防盐雾、防霉菌。

思考与复习题

1. 什么是电子产品的可靠性?产品的可靠性由哪几方面组成?
2. 表示产品可靠性的指标有哪些?
3. 普通元器件的失效规律是什么?
4. 串联系统和并联系统的可靠性如何计算?
5. 如何提高电子产品的可靠性?
6. 接触热阻是如何产生的?
7. 提高热传导的主要措施是什么?
8. 提高热对流的主要措施是什么?
9. 提高热辐射的主要措施是什么?
10. 电子产品的机壳热设计应从哪几个方面考虑?
11. 如何用示意图和方框图表示晶体管的散热途径?
12. 什么是电磁兼容性?
13. 按干扰的耦合模式分,干扰可分为哪几种?
14. 分析电场屏蔽的原理。
15. 电场屏蔽物的结构要点有哪些?
16. 低频磁场屏蔽的原理和屏蔽物的结构要点是什么?
17. 电磁场屏蔽的原理和屏蔽物的结构要点是什么?
18. 如何减小缝隙的电磁泄露?
19. 如何减小通风孔的电磁泄露?
20. 如何防止馈线引入的干扰?
21. 地线中存在哪些电磁干扰?
22. 什么是接地装置,对地线装置有什么要求?
23. 什么条件下安装减振器后可以减振?

24. 振动和冲击对电子产品产生哪些影响？
25. 什么是金属的电极电位？
26. 金属电化学腐蚀发生的过程如何？金属电化学腐蚀发生的条件是什么？
27. 金属电化学腐蚀的防护措施有哪些？
28. 潮湿及霉菌的危害是什么？如何防护？

第6章

电子产品整机结构及外观审美设计

【内容提要】

本章主要介绍整机机械结构形式及其基本内容,结构系统组成部分的设计、加工工艺以及整机整体外观要求;在进行电子产品造型与色彩设计时,结合人机工程学的理论知识系统设计电子产品。

【本章重点】

1. 用做电子产品表面材料的表面加工工艺。
2. 人机工程学在电子产品设计中的应用。
3. 电子产品的造型与色彩设计。

随着时代的进步和电子科学技术的发展,各种类型的电子产品不仅渗透到国民经济的各个领域和社会生活的各个方面,而且已经成为现代信息社会的重要标志。电子产品的整机结构形式和越来越新颖的外观也是随着电子技术和工业设计的发展而发展的。本章将介绍电子产品的整机结构及外观的设计要点,使读者站在整机设计的高度,全面了解整机设计的基本原则和需要注意的问题,以及电子产品外观设计的基本知识,有利于大家设计和生产出更加"好用"、"好看"的电子产品。

6.1 概　　述

6.1.1　整机机械结构与外观要求

电子产品不仅要有良好的电气性能,还要有可靠的总体结构和牢固的机箱外壳,才能经受各种环境因素的考验,确保长期安全地使用。从整机结构重要性的角度来说,电子产品整机结构的设计直接关系到产品的功能和技术指标的实现,同时也要求产品具有操作安全、使用方便、造型美观、结构轻巧、容易维修与互换等特点,并可积极地影响到使用者的心理状态。这些要求是在电子产品的设计研制之初就应该明确,并遵循贯彻始终的原则,所以,电子产品的整机结构及外观的设计已经发展成为以人机工程学、设计艺术学、机械学、力学、传热学、材料学、应用心理学等为基础的综合性学科。

对整机机械结构与外观的设计要求有如下几点。

1．保证电子产品的稳定性与可靠性

电子产品所处的工作环境多种多样，气候条件、机械作用力和电磁干扰是影响电子设备的主要因素，必须采用适当的防护措施，将各种不利的影响降到最低限度，以保证电子产品整机能稳定可靠地工作。对抗气候条件主要采取散热措施和各种防潮防腐蚀措施；对抗机械作用力主要采取各种防震措施；对抗内部和外部的电磁干扰主要采用电屏蔽、磁屏蔽和电磁屏蔽措施。

2．便于电子产品的使用和维修

产品是由人来使用和维修的，因此，整机设计必须符合人的生理和心理特点，使人感到方便、省力、心情愉快。此外面板上的控制装置和显示装置必须进行合理地规划与布置，以及保护使用者的安全等。如面板上的控制装置大多放在右边，显示装置则在左边。

3．良好的结构工艺性

结构与工艺是密切相关的，采用不同的结构就相应有不同的工艺，而且整机机械设计的质量必须有良好的工艺措施来保证，因此结构设计者必须结合生产实际考虑其结构工艺性。

4．美观大方的造型及色彩

现代电子产品不仅要求其具有使用功能，同时还要求具有审美价值，甚至于有些艺术家将这些电子产品的造型赋予精神层面的含义，这也是人类文明不断发展的体现，因此有越来越多的电子产品厂商把新颖的外观当成电子产品的主要卖点。

5．结构轻巧

体积小、重量轻是现代电子产品的主要特点之一，这使得产品的使用、运输、贮藏过程更加的方便。体积小、重量轻也是设计者采用了更先进的工艺和更先进的材料的结果。

6．贯彻执行标准化

产品标准化是我国一项重要的技术经济措施。标准化的产品在质量上、互换性上和生产技术的协作配合上都有很好的保障，标准化的产品便于维修，能降低生产成本，提高生产效率。结构设计中必须尽量减少对特殊零件、部件和尺寸系列的应用。通常将标准化、规格化、系列化称为"三化"。

6.1.2 整机机械结构的形式及其基本内容

电子产品的总体结构，大致由机箱或机柜，底板、插件和前后面板组成，有时还包括其他一些附件，如探头、外部连接线、外挂电池盒等，如图 6-1 所示。

(a)　　　　　　　　　　　　　　　(b)

图 6-1　电子产品总体基本结构

电子产品的整机机械结构的形式主要有以下几种。

1. 机箱结构

机箱结构通常用于尺寸较小和结构简单的中、小型电子产品中。其外形往往主要为矩形六面体,并在此基础上演变出许多不同的形式,形成一个完整的外壳,像一个箱形,故称为机箱。它由底座、面板和箱壳等主要零件组成,如图 6-2 所示。

图 6-2 机箱的基本结构

这种结构的设备是把电子元件都布置在一个机箱(或几个机箱)内,使之具有体积小、重量轻、使用方便等优点。对于中、小型电子产品,如电视机、功放、影碟机、微波炉、示波器、空调等,多采用此种总体结构形式。现代电子产品在此基础上演变出许多不同的形式,如流线型、圆边等,但基本形式还是箱式。

如图 6-3 所示为机箱的结构形式,其中图 6-3(a)为发动机设备机箱;图 6-3(b)为箱式变形后的生化分析仪;图 6-3(c)为通用实验箱;图 6-3(d)为中小型台式仪器机箱;图 6-3(e)为箱式演变后的某种图形显示器。

在机箱的结构中,较小的设备可以做成台式箱型结构。用于人来频繁操作的设备,如计算机操作台、控制台等。图 6-3(b)和图 6-3(d)即是台式箱型结构。

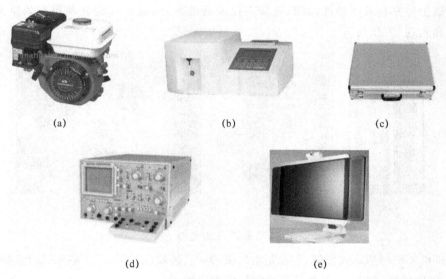

(a)   (b)   (c)

(d)   (e)

图 6-3 机箱的结构形式

2. 机柜结构

对于结构复杂,尺寸较大的电子产品,为了便于装配、检修和使用,往往把设备分成具有独立结构形式的若干插箱(分机组合),安置在一个共同的安装架上。这种用于组合安装设备的安装架称为机架。若在机架上安装前后面板、侧板、底板等,则这种封闭结构的机架即是机柜。因机架和机柜总是在一起的,所以习惯上把它们称为机架机柜。

机架机柜按其外形可分为立柜式、琴柜式和列架式 3 种,如图 6-4(a)所示的立柜式机架机柜,造型一般为正四棱长方体,结构较简单,要求造型简洁、明快,外形一般受有关尺寸系列标准的约束。由于设备的复杂程度、使用场合和插箱数目的不同,可将整个设备分成数个机柜,而设备的各个插箱集中地安装在相应的机架机柜上,因而使全机集中,便于操作管理,制造成本也可以降低。但是这样有时会显得体积和重量较大,不仅运输不便,而且给制造上带来一定的困难。陆地固定或机动性不大的电子设备,如中、小型雷达及程控设备等操作台常使用这种类型。

对于空用、舰用的大型计算机及车载雷达等设备,由于受占地空间限制,不宜采用集中式机柜,可设计成数个适合安装空间的独立机柜。这样便于设备的制造、安装和运输,但给操作管理及维修等带来不便,甚至因相互电气连接环节增多而降低了设备使用的可靠性。

为了便于观察和操纵,有些设备的控制机柜制成琴柜式,如图 6-4(b)所示。这种机柜不仅外形美观,而且带有工作台,因此能使操作人员工作时不易疲劳,但是它结构复杂,制造成本高,体积重量也较大,因此它常用于机动性较差的大型电子设备,如系统工程的控制中心台、电视中心监测台等。

载波及微波通信设备,除使用立柜式结构外,还使用列架式结构,如图 6-4(c)所示为早期的计算机机柜形式,其造型为高而窄的正四棱长方体,一般为许多机架并列使用。其上有许多供放置插箱的空格。其优点是能适应标准化和积木化电路之用。根据需要,每一个列架上可安装若干功能插箱,这样不仅灵活性大,而且可以充分利用有效空间,有便于维修和实现"三化"。

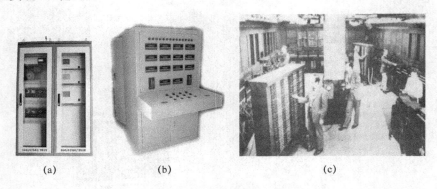

| | | |
| (a) | (b) | (c) |

图 6-4　机架机柜

无论机架机柜的形式如何,它都是由机架、外壳、插箱(插入单元)、底座、面板、导轨及定位措施、锁紧装置、铰链、电气接插件等附件所组成的。

3. 非规则性结构

这种整机总体结构的形体,随新产品的功能、使用方法、使用对象而异,如计算机外部设备、便携式电子产品、电子玩具、家用电器等。造型中要比较熟练和灵活地应用美学原则。

6.1.3　机箱的标准化

标准化是国家的一项重要技术经济政策,标准化水平是衡量一个国家技术和管理水平的尺度,也是现代化的一个重要标志。我国电子设备结构标准化工作是从电子仪器机箱结构标准化工作开始的,目的在于统一电子设备的尺寸、制式。经过几次的修改完善,目前设备机箱结构主要采用国家标准 CB3047-1—82，它对电子设备的面板、机架和机柜的基本尺寸系列作了规定。根据这个标准电子设备的尺寸分为两类：第一类是根据电力、电信系统的现行情况制定的，其主要特征是面板高度进制为 20 mm，即是 20 的倍数，宽度进制为 120 mm；第二类是电子、核电子等系统采用 IEC（国际电工电子学会标准）有关标准制定的，与 IEC279-1，IEC297-2 标准相对应，其主要特征是面板宽度以 482.6 mm 为准，面板插件箱高度进制为 44.45 mm，插件箱面板宽度分两种系列，一种为 5.08 mm 系列，另一种为 17.02 mm 系列。在设计机箱、机架、机柜和插箱时，必须符合规定的标准。根据标准系列来确定主要结构尺寸，有利于成批生产，可缩短设备的试制周期和生产周期；有利于实现标准化、规格化、系列化；可扩大产品的适应性，便于实现电子设备机箱、机柜的专业化生产。

6.1.4　整机机械结构设计的一般步骤

整机机械结构设计牵涉面广，要解决的矛盾多，往往是边分析边设计，边设计边调整，直到符合要求为止。大致可分为如下步骤。

1. 熟悉设备的技术指标和使用条件

设计人员接到任务书后，应详细了解设备的各项技术指标；设备需要完成的功能及其他特殊要求（体积、重量的限制等）；设备工作时的环境气候条件、机械条件和运输贮存条件等。

2. 确定结构方案

根据设备的电原理方框图合理做出结构方框图，它是确定结构方案的关键。在结构方框图中表示出设备划分成为哪几个分机，如果设备较简单也可以不划分为分机而只划分成几个单元或部分。划分时应确定各分机（单元）的输入、输出端；分清高频、高压；选择可靠的机、电连接方式。此外还要对通风、散热、重心分配、操作使用以及制造工艺等问题做综合考虑。

在划分分机（单元）时，电气设计人员应与结构设计人员密切配合，得出一个最佳的划分分机（单元）的方案。

3. 确定机箱、机柜的尺寸和所用的材料

首先应决定机箱、机柜内部零件需要的空间，用多少插件、插箱，然后算出总的外形尺寸，有时也可能先给外形尺寸，这时内部尺寸就要服从外形尺寸。外形尺寸应符合国家标准 GB3047-1—82 及部标有关规定。

根据设备的重量与使用条件，选用机箱、机柜的材料，以便于更好地进行防振、防腐、散热、屏蔽等方面的处理。常用的材料有钢、铝型材，板料组合、工程塑料等。

4. 进行板面设计与各组合体内部的元器件排列

板面的大小是在初步确定总体布局和机柜的外形尺寸基础上，根据机柜上的插箱立面布置图来确定的；而板面上的各操纵、显示装置的选择和布置，一般根据电器性能的要求，从便于操作使用和美观等角度进行考虑。

各插箱内部的元器件的排列是根据电原理图，主要元器件的外形尺寸及相关关系并考虑通风、减振、屏蔽等要求来确定的。

对于设备的调谐传动等机械装置应预先设计或选择，以确定空间尺寸。

5. 确定机柜及其零部件的结构形式,绘制结构草图

图 6-5 为机柜设计过程方框图。

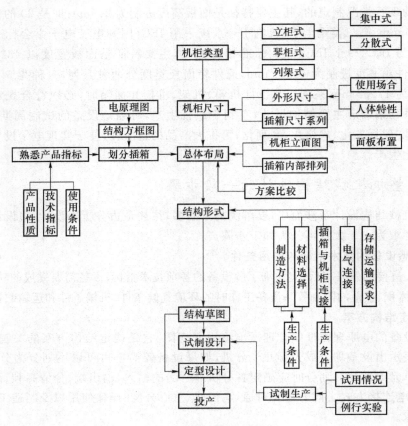

图 6-5 机柜设计过程方框图

6.2 整机机械结构系统

在这一节里,主要介绍构成整机机械结构的各主要要素的有关问题。如介绍各要素的机械结构型式、分类、要求等,从而对整机机械结构的构成要素有一个较全面、系统的概念。构成整机机械结构系统的主要要素是:①机箱及机柜;②底座;③面板;④导轨;⑤插箱及箱壳;⑥机箱机柜附件,包括有铰链、位置限定器、定位装置、锁紧装置、把手等。

6.2.1 机箱和机柜

1. 设计要求

如前所述,机箱和机柜是有区别的,但它们也有很多相同之处。如它们都是整台设备的承载部分;都是安装插箱、导轨及其他附件的基础件;制作工艺也基本相同;其设计的好坏将直接影响设备的工作稳定性和可靠性;它们的造型将直接影响人们的审美感受,从而影响产品的竞争能力。故其设计放在一起讨论,而不单独分开。综合来说,机箱、机柜的设计必须满足下列要求：

① 结构坚固，在有振动、冲击、各种温度作用、潮湿的情况下，能保证设备可靠地工作；

② 电磁兼容性好，即在有外界电磁干扰的情况下，仍能可靠地工作，本机的电磁信号对外的干扰也小；

③ 保证插箱与机箱、机柜间及插箱与插箱之间有良好的机、电连接；

④ 结构简单，取材方便，易于安装与维修，并且有良好的结构工艺性；

⑤ 符合机架、机柜标准尺寸系列，有利于实现"三化"；

⑥ 体积小、重量轻、造型美观。

机箱机柜的类型，从所用材料上来看可分为金属结构、全塑结构和塑木结构；从形态上分有箱式、台式、立柜式、琴柜式等；还有其他的分法，如钣金结构、型材结构等。本书以材料分类来讨论。

2. 金属结构

电子产品外观结构件（外壳及骨架等）主要为金属制件的，称为金属结构。金属结构件按其成型工艺不同可分为钣金件、型材、铸件等。

（1）钣金结构机箱机柜

冷轧板（钢板、铝板）经冲压弯曲成型作为箱、柜、台的主要构件，这种结构称为钣金结构。钣金机箱机柜多采用一次性全自动冷轧成形，钣金结构强度高，刚性和可焊性好，可按需要来设计断面形状，造型与色彩装饰的自由度大，材料来源丰富、成本低、制造工艺简单、制造周期短、灵活性大，适用于单件及批量生产，尤其是广泛用作大、中型装置的主要结构件。

① 钣金结构机箱。小型简易的机箱（盒）宜采用钣金弯板结构，其造型简单、省工省料。如果外表涂装的色质优良，成型轮廓清晰，就能取得较好的造型效果。如图 6-6(a)所示为一个带把手的箱式钣金机壳；如图 6-6(b)所示机箱由一个带锁机柜与内部标准插件盒组合而成，面板留有内嵌显示器位置与控制器件的位置，结构简单、经济实用，外观效果颇佳。采用冷冲压成型工艺的机箱结构，具有成型工整、生产效率高、成本低、强度好、质轻的特点，适用于小型、批量大及携带式仪器、仪表，尤其适用于造型体面复杂及具有曲线曲面的机壳。

(a)　　　　　　　　(b)

图 6-6　钣金结构机箱

② 钣金结构工作台。采用钣金结构具有结构简单、轻巧的特点。表面涂以桔纹漆，不仅具有优美的外观，并富有良好的手感。图 6-7 所示为可内嵌显示器的钣金工作台。

如图 6-7(a)是小型钣金结构控制台,图 6-7(b)比图 6-7(a)的结构相对复杂一些。

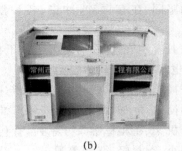

(a)   (b)

图 6-7　钣金结构工作台

③ 钣金结构机柜。钣金结构机柜如图 6-8 所示。其中图 6-8(a)为整体带锁小型机柜;图 6-8(b)为由弯板结构的立柱与横梁焊接成的机柜骨架,留有上架系列孔,供安装机箱用。

(a)   (b)

图 6-8　钣金结构机柜

(2) 型材结构和型材复合结构机箱机柜

型材结构具有加工量小、组装方便、适用专业化生产等优点。常用型材有钢型材和铝型材。

工业电子设备的机箱(盒)机柜,其骨架或承载构件完全由型材组合而成的,称为型材结构;其骨架或承载构件由型材与其他结构件(如钣金结构、压铸结构)共同组合而成的,称为型材复合结构,在民用电子产品中这种结构并不多见。

作为机箱机柜的型材有钢型材和铝型材两种。钢型材立柱机架机柜为封闭式截面,承载能力较大,但内壁清洗较难,内壁的腐蚀问题不易解决。电子仪器机箱结构中,普遍以铝型材作为主要结构件,与钣金结构机箱相比,铝型材(及其复合)结构机箱具有结构简单、切屑加工量小、质轻、易于装配、生产效率高等特点,但其连接刚性较差。

3. 全塑结构和塑木结构

电子产品的外观结构件(外壳及其骨架)均为工程塑料制件的,称为全塑结构;外观结构件为工程塑料制件和木质组合的,称为塑木结构。由于所采用的材料不同,电子产品的造型就有不同的特点和风格。

（1）全塑结构

全塑结构具有其独特的外观特性和经济性。目前，国内外成批生产的广播电视产品和某些小型电子仪器、计算机等的外观结构件绝大多数采用工程塑料制件。由于塑料表面致密、光滑、细腻，且塑件表面还可以进行二次加工，使造型增添了美感。

工程塑料是具有可塑性的高分子化合物，它在常温常压下并无显著塑性，而在一定的温度、压力下具有流动性、可塑性。利用塑料这一特征，可在一定的温度、压力下进行加工成型，得到一定形状的塑料制件。工程塑料还具有某些金属性能，能承受一定的外力作用，并有良好的机械性能、电绝缘性能和尺寸稳定性，在高低温下仍能保持优良性能。如图 6-9(a)所示为 ABS 挤塑工艺的显示器外壳；图 6-9(b)为 PVC 材料的软键盘。

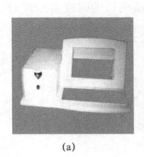　

(a)　　　　　　　　(b)

图 6-9　塑料结构

在电子产品的外观结构中，常用的工程塑料有 ABS、高抗冲聚苯乙烯(HIPS)、聚苯乙烯(PS)、改性聚苯乙烯、聚氯乙烯(PVC)、聚丙烯(PP)、有机玻璃(372♯)、AS 等。塑料制件的设计应注意两个方面的问题。一是在满足使用要求的前提下，塑件的形状应尽可能地做到简化模具结构，符合成型工艺的特点。因为模具型腔的形状、尺寸、表面粗糙度、分型面、浇口、排气槽位置及脱模方式等对制件的尺寸精度、形状精度及制件的机械性能等诸多方面都产生影响。二是塑件结构的造型设计必须符合模型的工艺性，否则，再好的造型设计也无法实现。

（2）工程塑料机箱

随着机箱尺寸的缩小，强度要求已不是机箱设计的主要矛盾，同时由于新的高性能塑料的出现和新工艺的开发，使工程塑料在机箱上得到了广泛的应用。工程塑料具有尺寸稳定、表面光泽好、较好的机械强度、耐腐蚀等优点，使塑料结构已迅速进入电子设备机箱结构领域，并已成了金属结构强有力的竞争对手。

塑料机箱具有抗结构损伤的能力。通常，金属壳体如不小心保管，外观会很快损坏，出现划痕或油漆脱落现象；而在塑料壳体上，这种伤往往是看不出来的。塑料壳体外表美观且保持性好，能满足人们日益提高的审美观要求，这是塑料机箱发展的主要原因。

工程塑料机箱在小型电子产品中已得到普遍应用，因为小型机箱降低了对尺寸稳定性、抗变形能力、机械强度、刚度等的要求，模具制作容易，不需大的注射设备，易于推广。但对大型机箱来说，技术难度大、初投资高，模具制作周期长。另外，塑料结构机箱一般适用于批量较大的产品，在小批量生产中采用塑料结构往往是不经济的。

① 整体全塑结构。由于不可能注射出封闭结构,故整体全塑结构仅用于某些部件,如带印制板导轨的插件盒等。

② 对开式结构。对开式结构是指由两个盒形结构相互连接构成封闭的产品外壳。在小型扁形的产品中大多采用上下对开嵌合结构,如计算器、键盘、小型仪器仪表盒、投影仪等。

③ 组合式结构。塑料结构的模具投资很大,小批量生产是不经济的,而仪器仪表的生产批量往往不是很大,从经济效益考虑,常采用通用结构机箱,以适应多种仪器的需要。

通用塑料机箱主要是提供除前、后面之外的壳体,一般采用组合式结构,如图 6-10 所示。其中图 6-10(a)、6-10(b)所示机箱外形的高和宽及安装面板的系列孔均符合 IEC297 尺寸系列标准。为连接上、下塑料盖板和提高机箱的强度与刚度,机箱有 4 根金属立柱。

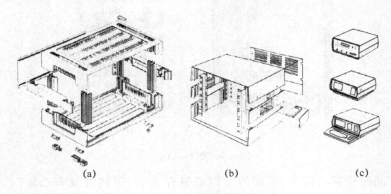

| (a) | (b) | (c) |

图 6-10　通用塑料机箱

通过在两侧增加侧板可派生出不同高度的机箱系列。图 6-10(a)的金属立柱是型材,上下盖板及侧板上有与型材形状相包容的异形孔,将型材插入塑料构件即可完成机箱的组装,采用材料为聚苯乙烯塑料。图 6-10(b)的金属立柱为钣金件,通过螺钉与塑料盖板连接,金属立柱前面的孔可作为安装面板之用,侧面孔可用来固定内结构的支架,增加高度的侧板上还可以装把手。图 6-10(c)为图 6-10(b)结构的机箱加塑料底盘和塑料面板后构成的盒型仪器,材料采用 ABS 塑料。

通用组合式塑料机箱还可以进一步设计成由成套的散件和组装件根据需要选择装配的结构。新产品设计可根据提供的组装模式,按自己构思选用通用零件进行组装。这样,试装成功的同时也完成了机箱的设计任务。

④ 玻璃钢结构。玻璃钢结构用于较大的挂墙式结构,具有轻巧、坚固的特点;用于室外时,还具有金属结构所不能比拟的耐腐蚀性。

⑤ 复壁结构机箱。这种结构是由双层壁板组成的中空结构,两层壁板各厚约 1.5 mm,两板间空气夹层厚约 8 mm。内壁用来固定仪器且不影响外壁,外壁可设计得美观大方以吸引顾客。这样的结构增强了刚度和强度,空气夹层具有缓冲隔层作用。机箱结构轻巧,通用性好。

复壁结构机箱采用低成本的吹塑工艺成型,如采用高抗冲击强度和温度适应范围(−73~77 ℃)较宽的而价格适中的高密度聚乙烯(HDPE),可取得较好的经济效益。

⑥ 工程塑料机箱的发展方向

• 结构泡沫塑料的兴起

结构泡沫塑料是指能用来做结构件的硬泡沫塑料。它采用热塑性塑料泡沫模塑工艺（TCM）成型，使用较低的注射压力，因而可用廉价的铝材来代替钢材制造模具。另外铝的加工性好，可大大缩短模具的生产周期；并可以成型复杂塑件，从而为复合更多结构成为单一机壳打下基础。现代电子产品要求功能多样、造型新颖、产品更新周期短，故结构就日趋复杂。结构泡沫塑料工艺生产准备周期短，费用可节约 30%，使短期生产和小批量生产的产品（一年不超过 500 台）亦有可能采用注射技术，从而提高了竞争力。

对结构泡沫塑料来说，多孔状结构有较大的比强度。在给定的质量下，结构泡沫塑料的刚度是固态塑料的 2 倍，是钢的 7 倍。结构泡沫塑料壳体的厚度一般需要 6.4 mm 左右才能满足要求，如厚度不限制，它可用在任何地方。

结构泡沫组件不收缩，给结构设计带来很大方便。可不必考虑因壁厚不均而带来的收缩问题，避免了加强筋或凹台由于收缩而产生的缩孔和凹瘪，甚至允许在机箱下面设大凸台（底脚）。

不同塑料的综合性能不同，应按使用要求进行选择，聚碳酸酯和热塑性聚醋树脂都比较适用于做结构件，如用做办公设备的外壳。其中，热塑性聚醋泡沫塑料的变形温度高达215 ℃，并有好的抗疲劳强度和抗弯强度，可用于高温场合。

热塑性增强结构泡沫塑料（FRTR-SF）是采用玻璃纤维增强（如 PP、PS），抗拉强度为原泡沫体的 2 倍，而抗弯弹性模量为未增强泡沫体的 3 倍，另外热塑性增强结构泡沫塑料制品表面硬而滑，手感及外观极佳。不同材质的热塑性增强结构泡沫塑料可制成仿木、仿竹制品。热塑性增强发泡体，由于它在性能、成本方面的优越性，在着极为广阔的发展余地，在目前合成材料的领域中发展最为快速。

结构泡沫塑料亦有某些不足之处，如模塑压力低时会产生涡纹表面，常需一定量的二次加工；壳体厚度是注塑塑料的 2 倍。

ABS 塑料也具有优良的综合性能，如坚硬、坚韧、较高的耐热性和耐化学腐蚀性，富有较好的弹性、较高的冲击强度、优良的介电性能及成型加工性能，并且能电镀，价格便宜、材料易得，因此发展很快，是目前产量最大、应用最广的一种工程塑料。广泛用于制造电视机、手机的外壳，旋钮、电话机壳、话筒、把手、铰链、塑料铭牌等。

• 提高塑料件表面的外观质量

在电子设备中机箱的外观是很重要的，发展塑料机箱缘由之一，就是因为它能提供较好外观。新型的高速结构泡沫塑料机箱，能较容易地生产出显示器（CRT）的外罩，并在涂漆前不需要任何表面精整处理。这是热塑模具和合理的注射压力相结合的结果，真正地消除了泡沫塑料的涡纹效应。

通过改变配料方案来提高外观质量，如具有低光泽的表面外观，特别适合做办公室设备的机箱。

• 真空热压成型

将热塑性塑料板材加热到软化温度，然后放在凸模或凹模上抽真空，使塑料板紧贴于模具轮廓上而成型。

如图 6-11 所示是利用单个凹模进行抽真空成型的原理示意图,图 6-11(a)表示将坯材固定在凹模上,并用封闭圈密封,防止空气进入坯材与型腔之间,然后将加热器移至坯材的上方进行加热,待坯材达到软化状态后移去加热器;图 6-11(b)是表示将型腔中的空气抽去,使已软化的坯材在大气压力作用下,紧贴凹模成型表面而成为塑件;图 6-11(c)是表示已成型的塑件充分冷却后,通入压缩空气使塑件脱模。

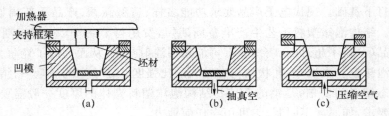

图 6-11　凹模真空成型

用这种热成型模塑来代替传统的注射模塑工艺,在一定的生产周期下是经济的,真空成型所用的成型设备和模具均较简单,费用可大大节省。

- 塑料机箱的屏蔽和防静电

电子设备之间的相互干扰及对人类的影响越来越严重。目前,电磁干扰已被当成"污染问题"而列入了治理日程。国际上已相继制定了一些限制电磁辐射的法规或规定。虽然塑料不导电,但塑料机箱无屏蔽功能,不能抑制电磁干扰。可以通过一定的工艺处理,使塑料机箱获得屏蔽功能,其主要途径是采用导电涂覆和导电塑料。

导电涂覆就是采用喷涂、浸渍、阴极溅射、真空蒸发、电镀等方法,在塑料表面形成导电涂覆层。当前要求具有电磁屏蔽性能的塑料零件均可采用此法。

导电塑料就是在塑料内加入导电材料,如碳粒、石墨、铝粉等。许多导电塑料的屏蔽效果已达到 40～50 dB,个别的甚至达到 70 dB。解决电磁屏蔽问题最直接和最有效的措施是发展导电(复合)塑料,使金属的屏蔽性和塑料成型的固有优点结合起来。但由于导电填料的加入往往会影响到塑料的综合性能,尤其是影响塑料的表面质量。因而,它在机箱上的普遍应用尚有待于更理想的导电塑料问世。

(3) 木质结构与塑木结构机箱

木质结构具有加工性能好、制作设备与工具简单、生产周期短、表面着色和涂饰方便、装饰效果好、成本低等特点,而且给人以不生硬,有亲和力的感觉,是早期电子设备的主要结构型式。这类结构亦由于外观简陋、强度不高、外观保持性差、屏蔽性能不好、安全性差等因素已渐被金属结构与塑料结构所取代。由于木质结构具有良好的音响效果,故至今仍应用于电声装置中,如作为音箱使用。木质机箱本身应进行相应的改性处理和外表的精整加工,并与金属结构及塑料结构相结合,以取得富有时代感的造型效果,特别给人以亲和感。

6.2.2　各种材料的表面工艺

对材料的认识是实现电子产品设计的前提和保证。设计中,除了少数材料所固定的特征以外,大部分的材料都可以通过表面处理的方式来满足产品表面所需的色彩、光泽、肌理等需要。通过改变产品表面的色彩、光泽、纹理、质地等，可以直接提高产品的审美功能，从而增加产品的附加值。在产品造型设计中要根据产品的性能、使用环境、材料性质等条件正确选择表面处理工艺与面试材料，使材料的颜色、光泽、肌理及加工工艺特性与产品的形态、功能、工作环境匹配适宜，以获得大方美观的外观效果，给人以美的感受。

1. 金属材料的表面工艺

金属材料是金属及其合金的总称。下面介绍金属表面处理工艺的分类。

（1）表面精加工处理

① 切削和研削

定义：利用刀具或砂轮对金属表面进行加工的工艺。

效果：得到高精度的表面。

② 研磨

定义：是把金属表面加工成具有平滑面效果的工艺。

效果：可以得到光面、镜面、梨皮面的效果。

如图 6-12 所示的磨砂移动硬盘，外形设计的创新，磨砂效果的应用使其色彩充满层次和立体感，也使得盘体更具质感。

图 6-12　磨砂移动硬盘

③ 表面蚀刻

定义：使用化学酸进行腐蚀而使得金属表面具有斑驳、沧桑装饰效果的加工工艺。

原理：用耐药薄膜覆盖整个金属表面，然后用机械或者化学方法除去需要凹下去部分的保护膜，使这部分金属裸露，接着浸入药液中，使裸露的部分溶解而形成凹陷，获得纹样，最后用其他药液去除保护膜。

（2）表面层改质处理

定义：表面层改质处理是通过化学或者电化学的方法将金属表面转变成金属氧化物或者无机盐覆盖膜的过程。

效果：改变金属表面的颜色、肌理及硬度，提高金属表面的耐蚀性、耐磨性及着色性。

如图 6-13 所示，MP3 方形全金属黑色机身，显得非常有气质。硬朗的线条，金属质感，正面采用时尚简约嵌入式高耐磨纳米镜片，采用高科技阳极氧化处理技术，比时下所谓 UV 亮面喷漆效果要更时尚前卫，彰显华丽贵气。

图 6-13　MP3 播放器

（3）表面被覆处理

原理：通过在金属材料表面覆盖一层皮膜，从而改变材料表面的物理化学性质，赋予材料的表面肌理、色彩等。

① 镀层被覆

定义：利用各种工艺方法在金属材料的表面覆盖其他金属材料的薄膜，从而提高制品的耐蚀性、耐磨性，并调整产品表面的色泽、光洁度以及肌理特征，以提高制品档次。

缺点：镀层色彩单调，对产品大小形状有所限制。

② 涂层被覆

定义：在金属材料的表面覆盖以有机物为主体的涂料层的加工工艺，也称为涂装。

目的：保护作用；装饰作用；特殊作用——隔热、防辐射、杀菌等。

优点：能赋予产品丰富的色彩和肌理。

缺点：涂层会老化和磨损，容易被划伤导致保护膜破损，使底层金属锈蚀。

2. 工程塑料的表面工艺

塑料是重要的高分子材料，始创于 1907 年。经过百年的发展，从人们的日常生活到国家的国防建设，到处都能看到塑料的身影。这种人工合成材料更是在电子产品的外壳上扮演了重要的角色。

塑料的种类很多，按照用途可分为通用塑料和工程塑料；按照加热时的表现则可分为热固性塑料和热塑性塑料。与其他材料相比，塑料容易成形，强度高、质量轻、性能稳定，有多种表现形式，适合批量生产，因此成为备受设计师青睐的造型材料。

一般来说，塑料的着色和表面肌理装饰，在塑料成型时可以完成，但是为了增加电子产品的寿命，提高其美观度，一般都会对表面进行二次加工，进行各种装饰处理。下面介绍塑料表面处理工艺的分类。

（1）表面机械加工处理

磨砂与抛光是常见的表面处理技术。

（2）表面镀覆处理

① 热喷涂

定义：是一种采用专用设备把某种固化材料加热熔化，再用高速气流将其吹成微小颗粒，加速喷射到基件表面上，形成特制覆盖层的处理技术。

效果：使基件耐蚀、耐磨、耐高温。

② 电镀

定义：金属电沉积技术之一，是一种用电化学方法在工件表面获得金属沉积层的金属覆层工艺。

效果：可以改变固体材料的外观，改变表面特性，使材料耐腐蚀、耐磨，具有装饰性及电、磁、光学性能。

种类：有单金属电镀、合金电镀、复合镀、非晶态合金电镀、电刷镀等。

③ 离子镀

定义：是在真空条件下，利用气体放电使气体或被蒸发物质离子化，在气体离子或被蒸发物质离子轰击作用的同时,把蒸发物或其他反应物蒸镀到基件上。

效果:可以延长基件的使用寿命,赋予被镀材料光泽和色彩。

如图 6-14 所示数码相机,给人的第一感觉是比较厚重,不同于其他国外生产的 1 000 万像素的卡片机。此款数码相机,机身采用工程塑料,经过磨砂处理以减少塑料的感觉。整个机身除了镜头周围的一圈是金属材质外,其余的都是电镀了金属层的塑料部件。

图 6-14　数码相机

（3）表面装饰处理

① 涂饰

定义:把涂料涂覆到产品或物体的表面上,并通过产生的物理或化学变化,使涂料的被覆层转变为具有一定附着力和机械强度的涂膜。

效果:着色、获得不同的肌理、防止塑料老化、耐腐蚀。

② 丝网印刷

定义:丝网印刷就是在丝网上涂一层感光材料,利用其感光前后可溶性的不同,经过感光后将不需要的部分洗去,从而控制何处能透过油墨,何处不能透过。塑料件的丝印,是塑料制品的二次加工（或称再加工）中的一种。

效果:改善塑料件的外观装饰。

方法:平面丝印（用于片材和平面体）、间接丝印（异型制品）、曲面丝印（用于可展开成平面的弧面体）。

③ 贴膜法

定义:是将印有花纹和图案的塑料薄膜紧贴在模具上,在加工塑料件时,靠其熔融的原料的热量将薄膜融合在产品上的方法。

效果:装饰产品外观、传达产品信息。

④ 热烫印法

定义:是利用压力和热量将压膜上的黏接剂熔化,并将已镀到压膜上的金属膜转印到塑料件上的方法。

效果:同贴膜法相似,可以美化产品外观,传达产品信息。

如图 6-15 所示的这款耳机的材质为高柔性聚乙烯氨化树脂,耳机表面的装饰线条采用了点电镀工艺,体现出金属的感觉,与鲜艳的色彩形成一种对比。

如图 6-16 所示的游戏手机,手机屏幕周围的装饰采用了膜内转印技术,可以在复杂的曲面上印刷精美的图案。

图 6-15　耳机　　　　　　　　　　　　　　图 6-16　游戏手机

如图 6-17 所示的软键盘是用柔软的、易弯曲的聚氨酯泡沫制成。聚氨酯被公认为有较好的隔热和绝缘性能,既可以以坚硬的形式,也可以以柔软的形式进行生产,应用领域十分宽广。键盘由镭射蚀刻而成,省去了不同的语言版本的模具修改成本。

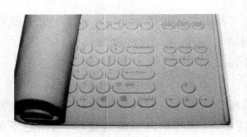

图 6-17　软键盘

塑料虽然是廉价的人造物,但是它所带来的价值一点都不廉价。经过不同的表面处理,它能体现出丰富多彩的变化,能够模仿其他材质,从而减少了不必要的浪费,为电子产品带来更高的附加值。在科技的不断进步发展中,关于塑料表面处理的技术也在不断地发展。

6.2.3　机柜底座与顶框设计

工业电子设备机柜底座是支承整机全部重量的部件,它的结构对整机的强度、刚度和稳定性影响极大。顶框的结构与底座相似,但由于不承重,故其强度和刚度可以略低些。民用电子设备往往对机箱的刚度和硬度要求不高,所以对底座和顶框的要求也不甚严格。

如图 6-18 所示,图 6-18(a)为大型工业电子设备机柜底座;图 6-18(b)为等离子电视机底座；图 6-18(c)为洗衣机底座。

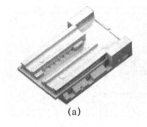  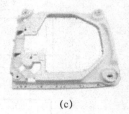

(a)   (b)   (c)

图 6-18　机柜底座的结构形式

下面介绍设计重型工业产品底座及顶框应考虑的问题。

（1）强度与刚度

底座是机柜框架的基础，必须具有足够的强度及刚度，一般用钢板弯折的底座，其板料厚度应不小于 2 mm。较重型的机柜最好采用角焊接或铸造底座，顶框一般可用 1.5 mm钢板弯制。

（2）稳定性

底座所占的面积不宜小于骨架的横截面，以保持机柜的稳定性能。当机柜倾斜 20°时，其重力作用线应仍在底座面积之内，见图 6-19。

（3）进出风口

一般机柜都由底座进风，故应在底四周用 15～20 mm 的垫块垫起，或在底座四周开通风孔，顶框应考虑出风口，但要防尘。

（4）底座接地螺钉及电源引入线孔

在底座上应设有 M8 螺孔作为接地用，另有 30～60 mm 并装有保护圈的孔作为电源引入线孔，见图 6-20。

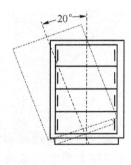 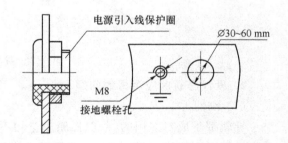

图 6-19　机柜的倾斜   图 6-20　接地螺栓孔

（5）包装运输

重工业电子设备可在底座上开设 M8～M12 的螺孔，以便通过角钢与包装底座连接，如图 6-21(a)所示。底座上应有 15～20 mm 的空高，便于铲运设备时插入底座，或在底座两端开有直径大于 30 mm 的孔，便于挂吊钩，如图 6-21(b)所示。在顶框上应考虑安装起吊环,以便于吊装,如图 6-21(c)所示。

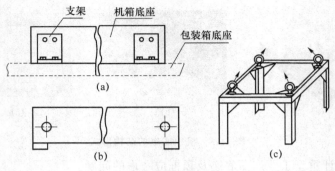

图 6-21　包装运输孔

6.2.4　导轨设计

1. 结构形式

分滑动式导轨及滚动式导轨。导轨一般由固定在机架上的承导件和固定在插箱上的运动件组成,对于多节式导轨还需要设前后两个限位装置,防止运动件或滚动体脱离承导件,如图 6-22 所示。

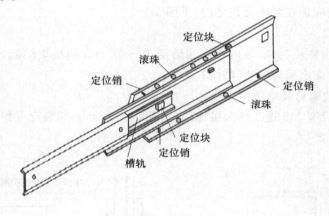

图 6-22　导轨的形式

2. 设计导轨时应考虑的问题

（1）刚性

导轨都是成对使用的,一般插箱质量均不应超过 50 t,故应考虑较好的刚性,尤其在受振动情况下的使用（如车载）更为重要。增加刚性的办法是加大导轨的截面,但这就会占用机柜的空间。

（2）导轨与机柜架的连接

一般多采用螺装或挂装的方式,也可采用焊接的方式,如图 6-23 所示,导轨分别为焊接、螺装和挂装的连接。

（3）定位装置

有时插箱与机柜因电气连接而需用接插件,如只靠导轨定位往往不够准确,这时可在插箱上安装定位导向销,以作精确定位。

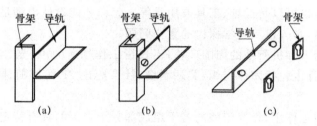

图 6-23　导轨与机柜架的连接

6.3　人机工程学的应用

6.3.1　人机工程学的命名及定义

第二次世界大战期间,由于战争的需要,军事工业得到了飞速发展,武器装备变得空前庞大和复杂。此时,完全依靠选拔和训练人员,已无法使人适应不断发展的新武器的效能要求,因而由于操作失误而导致的事故大为增多。例如,由于战斗机座舱及仪表位置设计不当,造成飞行员误读仪表和误用操纵器而导致意外事故;或由于操作复杂、不灵活和不符合人的生理尺寸而造成战斗命中率低等现象经常发生。据统计,美国在"二战"期间发生的飞行事故中,90%是由人为因素而造成的。失败的教训引起决策者和设计者的高度重视,通过分析研究,逐步认识到,"人的因素"在设计中是不容忽视的一个重要条件,只有当武器装备符合使用者的生理、心理特性和能力限度时,才能发挥其高效能,避免事故的发生;同时还认识到,要设计好一个高效能的装备,只有工程技术知识是不够的,还必须有生理学、心理学、人体测量学、生物力学等学科方面的知识。于是,人机关系的研究进入了一个新的阶段,即从"人适机"转入"机宜人"的阶段。

人机工程学是 20 世纪 40 年代后期发展起来的跨越不同学科领域,应用多种学科原理、方法和数据的一门边缘学科。目前,国际人类工效学学会(International Ergonomics Association,IEA)所下的定义最权威,也最全面,即人机工程学(Man-Machine Engineering)是研究人在某种工作环境中的解剖学、生理学和心理学等方面的各种因素;研究人和机器及环境的相互作用;研究在工作中、家庭生活中和休假时怎样统一考虑工作效率,人的健康、安全和舒适等问题的学科。

尽管各国对人机工程学所下的定义不尽相同,但在以下两个方面却是一致的。

(1) 人机工程学的研究对象是"人—机—环境"系统中人、机、环境 3 要素之间的关系。

(2) 人机工程学研究的目的是使人们在工程技术和工作的设计中能够使三者得到合理地配合,实现系统中机器的效能和人的安全、健康和舒适等的最优化。

"人"是处于主体地位的决策者,也是操作者或使用者,因此,人的心理特征、生理特征以及人适应机器和环境的能力都是重要的研究课题。

"机"是指机器,但比一般技术术语的意义要广泛得多,包括人操纵和使用的一切物的总称,可以是机器,也可以是设施、工具或用具等。怎样才能设计出满足人的要求、符合人的特点的机器产品,是人机工程学探讨的重要问题。

"环境"则是指人和机所处的周围环境,不仅指工作场所的声、光、空气、温度、振动等物理环境因素,而且也包括团体组织、奖惩制度、社会舆论、工作氛围、同事关系等社会环境因素。

"系统"是由相互作用、相互依赖的若干组成部分结合成的具有特定功能的有机整体,而这个"系统"本身又是它所从属的一个更大系统的组成部分。系统是人机工程学最重要的概念和思想,人—机—环境系统是指由处于同一时间和空间的人与其所使用的机以及他们所处的周围环境所构成的系统,简称人机系统。人机系统可小至人与剪刀等的手工工具,也可大至人与汽车,乃至人与宇宙飞船等。

人机工程学的特点是,不是孤立地研究人、机、环境3个要素,而是从系统的总体高度,将它们看成是一个相互作用、相互依存的系统。

"人的效能"主要是指人的作业效能,即人按照一定要求完成某项作业时所表现出的效率和成绩。一个人的效能决定于工作性质、人的能力、工具和工作方法,决定于人、机、环境3要素之间的关系是否得到妥善处理。

6.3.2 人体感觉与知觉的特征

1. 感觉

感觉是人脑对直接作用于感觉器官的客观事物的个别特性的反映。来自体内外的环境刺激通过眼、耳、鼻、口、舌、皮肤等感觉器官产生神经冲动,通过神经系统传递到大脑皮质感觉中枢,从而产生感觉。

例如,我们面前有一只香蕉,用眼睛去看,知道它是黄色的,长长的,弯弯的;用手去摸,有硬硬的、滑滑的感觉;用嘴去咬,知道它是甜的、软的;用鼻子去闻,具有香味;拿在手上掂量,知道它有一定的重量。这里的黄、长、弯、甜、软、香、重就是香蕉的个别属性。我们的大脑接受和加工了这些属性,进而认识了这些属性,这就是感觉。

感觉是一种最简单而又最基本的心理过程,在人的各种活动过程中起着极其重要的作用。

感觉具有以下特征。

(1)适宜刺激。感觉器官只对相应的刺激起反应,这种形式被称为该器官的适宜刺激。

(2)适应。感觉器官接受刺激后,若刺激强度不变,则经过一段时间后,感觉会逐渐变弱以至消退,这种现象称为"适应"。下水游泳时,刚开始感觉有点冷,但过一会儿就不觉得冷了,是温度觉的适应现象。对于人体而言,不同的感觉器官,其适应的速度和程度不同。触觉和压觉的适应最快,痛觉的适应现象较不明显。

(3)感觉阈限。人的各种感受器在接收信息时有较大的局限性,它们对刺激作用的感受在强度上有一定的限制。若适宜刺激的强度太小,就不能被感受到,若刺激强度太大,则会超过感受器的承受能力,甚至有可能造成感受器的损伤。那种刚刚能引起感觉的最小刺激量,称为感觉阈下限;而刚刚使人产生不正常感觉或引起感受器不适的刺激量,称为感觉阈上限。为了使信息能有效地被感受器接收,应把刺激的强度控制在感觉阈上、下限范围之内。表 6-1 列出了各种感觉的感觉阈限。

表 6-1　各种感觉的感觉阈限值

感　觉	感觉阈限	
	感觉阈下限	感觉阈上限
视觉	$(2.2\sim5.7)\times10^{-17}$ J	$(2.2\sim5.7)\times10^{-8}$ J
听觉	1×10^{-12} J/m²	1×10^{2} J/m²
嗅觉	2×10^{-7} kg/m³	
味觉	4×10^{-7} mol/m³(硫酸试剂)	
温觉	6.28×10^{-9} kg·J/(m²·s)	9.13×10^{-6} kg·J/(m²·s)
触压觉	2.6×10^{-9} J	
振动觉(振幅)	2.5×10^{-4} mm	

(4)相互作用　在一定条件下,各种感觉器官对其适宜刺激的感受能力都将因受到其他刺激的干扰影响而降低,这种使感受性发生变化的现象称为感觉的相互作用。例如,同时输入两个强度相等的听觉信息,对其中一个信息的辨别能力将降低 50%;当视觉信息与听觉信息同时输入时,听觉信息对视觉信息的干扰较大,视觉信息对听觉信息的干扰较小。此外,味觉、嗅觉、平衡觉等都会受其他感觉刺激的影响而发生不同程度的变化。

(5)对比　同一感受器接受两种完全不同但属同类的刺激物的作用,而使感受器发生变化的现象称为对比。感觉对比分为同时对比和继时对比两种。

几种刺激物同时作用于同一感受器时所产生的对比称为同时对比。如图 6-24 所示,同样一个灰色的图形,在白色的背景上看起来显得深一些,而在黑色背景上则显得浅一些,这是明度的同时对比现象。几个刺激物先后作用于同一感受器时,产生继时对比现象。如吃过糖之后再吃苹果,会觉得苹果发酸,这是味觉的继时对比作用,看过一张红色图片后再看白墙,会觉得墙壁发绿,这是视觉的继时对比现象。

 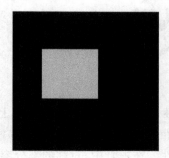

图 6-24　对比现象

（6）余觉。刺激消失后，感觉可存在一极短的时间，这种现象叫余觉。我们观看亮着的白炽灯，过一会儿闭上眼睛会发现灯丝在空中游动，这是发光灯丝留下的余觉。

2. 知觉

知觉是人脑对直接作用于感觉器官的客观事物和主观状况整体的反映。例如，看到一把椅子、听到一首歌、闻到鲜花的芬芳、春风拂面感到丝丝凉意等，都属于知觉现象。还是以香蕉为例，我们不仅要知道它的颜色和味道，还要把它作为一个整体与其他东西区分开来，我们看到的是香蕉的黄色，尝到的是香蕉的甜味，闻到的是香蕉的香味，我们认识到的是一个整体的香蕉，这就是知觉。

知觉是在感觉的基础上产生的，人脑中产生的具体事物的印象总是由各种感觉结合而成的，没有反映个别属性的感觉，也就不可能形成反映事物整体的知觉。感觉到的事物个别属性越丰富、越精确，对事物的知觉也就越完整、越正确。

下面是知觉的 4 个基本特性。

（1）整体性

人的知觉系统有将个别属性、个别部分综合成为一个统一的有机整体的能力，这种特性称为知觉的整体性。例如，人们在观察图 6-25 时，根据其组合特性，会把这些看似杂乱无章的色块知觉为牛头的形状。

一方面，知觉的整体性可使人们在感知自己熟悉的对象时，只根据其个别属性或主要特征即可将其作为一个整体而被知觉；另一方面，我们对个别成分（或部分）的知觉，又依赖于事物的整体特性。图 6-26 说明了部分对整体的依赖关系。同样一个图形"13"，当它处在数字序列中时，我们把它看成数字 13；当它处在字母序列中时，我们就把它看成了字母 B 了。在感知不熟悉的对象时，则倾向于把它感知为具有一定结构的有意义的整体。影响知觉整体性的因素主要有以下几方面。

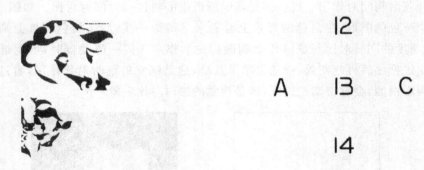

图 6-25　知觉的整体性　　　　　　　图 6-26　部分对整体的依赖关系

① 邻近性。在其他条件相同时，空间上彼此接近的部分，容易形成整体〔见图 6-27(a)〕。

② 相似性。视野中相似的成分容易组成整体〔见图 6-27(b)〕。

③ 对称性。在视野中，对称的部分容易形成整体〔见图 6-27(c)〕。

④ 封闭性。视野中封闭的线段容易形成整体。

⑤ 连续性。在图 6-27(d)中，具有良好连续的几条线段，容易形成一个整体。

⑥ 简单性。视野中具有简单结构的部分,容易形成整体。

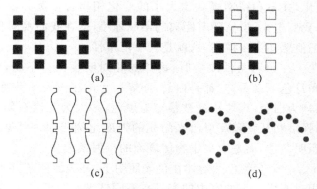

图 6-27　影响知觉整体性的因素

（2）选择性

人在知觉客观世界时,总是有选择地把少数事物当成知觉的对象,而把其他事物当成知觉的背景,以便更清晰地感知一定的事物与对象,这种特性被称为知觉的选择性。从知觉背景中感知出对象,一般取决于下列条件。

① 对象和背景的差别。对象和背景的差别越大（包括颜色、形态、刺激强度等）,对象就越容易从背景中区分出来,并优先突出,给予清晰的反映。如新闻或广告标题往往用彩色套印或者特殊字体排印,就是为了突出标题。

② 对象的运动。在固定不变的背景上,运动的物体容易成为知觉对象。如警车、急救车用闪光作信号,更能引人注目,提高知觉效率。

③ 主观因素。人的主观因素对于选择知觉对象相当重要。当任务、目的、知识、年龄、经验、兴趣、情绪等因素不同时,选择的知觉对象便不同。

（3）理解性

在知觉时,用以往所获得的知识经验来理解当前的知觉对象的特性称为知觉的理解性。理解可帮助对象从背景中分离。例如,在鲁宾壶的图的反转图形（见图 6-28）中,如果事先提示它是一个杯子,那么图形的中间部分就容易成为知觉的对象,而如果事先提示这是一张侧面的人头像,那么图形的两侧就容易成为知觉的对象。

图 6-28　鲁宾壶

（4）恒常性

当知觉的客观条件在一定范围内改变时,人们的知觉映像在相当程度上却保持相对恒定的特性,叫做知觉的恒常性。知觉的恒常性主要有以下几类。

① 形状恒常性。当我们从不同角度观察同一物体时,物体在视网膜上投射的形状是不断变化的,但是,我们知觉到的物体形状并没有显出很大的变化,这就是形状的恒常性。

② 大小恒常性。当我们从不同距离观看同一物体时,物体在视网膜上成像的大小是

不同的。距离大,视网膜成像小;距离小,则视网膜成像较大,但是,在实际生活中,人们看到的对象大小的变化,并不和视网膜映像大小的变化相吻合。例如,一位身高为 1.7 m 的人从远处渐渐向我们走来,虽然随着距离的不断缩小,他在我们视网膜上的映像会越来越大,但我们总是把他感知为一样高,这就是大小恒常性。

③ 明度恒常性。在照明条件改变时,物体的相对明度保持不变,叫做明度恒常性。例如,白墙在阳光和月色下观看,它都是白的,而煤块无论在白天还是晚上,看上去总是黑的。白墙总是被感知为白色,煤块总是被感知为黑色,是因为无论在阳光还是月色下,它们反射出来的光的强度和从背景反射出来的光的强度比例相同。可见,我们看到的物体明度,并不取决于照明条件,而是取决于物体表面的反射系数。

④ 颜色恒常性。一个有颜色的物体在色光照明下,其表面颜色并不受色光照明的严重影响,而是保持相对不变。正如室内的家具在不同灯光照明下,它的颜色相对保持不变一样,这就是颜色恒常性。

3. 错觉

错觉是对外界事物不正确的知觉,即我们的知觉不能正确地表达外界事物的特性,而出现种种歪曲。总的来说,错觉是知觉恒常性的颠倒。

错觉的种类很多,有空间错觉、时间错觉、运动错觉等。空间错觉又包括大小错觉、形状错觉、方向错觉、倾斜错觉等,其中,大小错觉、形状错觉和方向错觉有时统称为几何图形错觉。

下面举例介绍几种错觉。

① 大小错觉。是人们由于种种原因对几何图形大小或线段长短所产生的错觉。

② 方向错觉。如图 6-29(a)所示,若干条相互平行的直线,由于受到其上面的短斜线的干扰而产生不平行的感觉。如图 6-29(b)所示,两条平行线由于附加线段的影响,看起来好像是弯曲的。如图 6-29(c)所示,两条线段本是在同一直线上,由于受到垂直线的干扰,看起来像已错位。如图 6-29(d)所示,正方形由于受到环形曲线的影响而使其四边看上去向内弯曲。

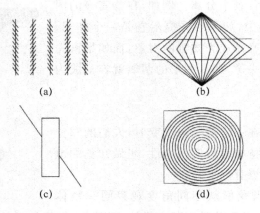

图 6-29　方向错觉

6.3.3　人体测量与作业空间

1. 人体测量的基本知识

人体测量学是人机工程学的主要组成部分。在进行工业产品设计时,要使人与产品(或设施)相互协调,就必须对产品(或设施)同人相关的各种装置做适合于人体形态、生理以及心理特点的设计,让人在使用过程中,处于舒适的状态以方便地使用产品(或设施)。为此,设计师必须知道人体部分外观形态特征及各项测量数据,其中包括人体高度、人体重量,人体各部分长度、厚度、比例及活动范围。

GB3975—1983《人体测量术语》和 GB5703—1985《人体测量方法》规定了人机工程学使用的人体测量术语和人体测量方法,适用于成年人和青少年借助于人体测量仪器进行的测量。标准规定:只有在被测者姿势、测量基准面、测量方向、测点等符合下列要求的前提下,测量数据才是有效的。

(1)体形。体形是指人体外形特征及体格类型,它随性别、年龄、人种等不同会产生很大差异,体形与遗传、体质、疾病及营养有密切关系。一般人体体形的确定,是以身体 5 个部位的直径大小为依据的,这 5 个部位是头、脸和颈部;上肢(包括肩、臂和手);胸;腹部和臀部;腿和足。人体测量中将人体体形分为肥胖形、瘦长形和标准形 3 种。

(2)测量姿势。人体测量的主要姿势分两种:立姿和坐姿。

(3)测量基准面。人体测量的基准面主要有矢状面、冠状面和水平面。

(4)测量基准轴。人体测量的基准轴有铅垂轴、纵轴和横轴。

如图 6-30 所示为人体测量的基准面与基准轴。

(5)测量方向。头至脚、内至外、近至远。

(6)测量项目。在国标 GB 3975—1983 中规定了人机工程学使用的有关人体测量参数的测点及测量项目,其中包括:头部测点 16 个和测量项目12 项;躯干和四肢部位的测点共 22 个,测量项目共 69 项(其中包括立姿 40 项,坐姿 22 项,手和足部 6 项以及体重 1 项)。至于对具体测点和测量项目的说明可参阅有关标准,在此不做介绍,需要进行测量时,可参阅该标准的有关内容。

2. 中国成年人人体功能尺寸

人在各种工作中都需要有足够的活动空间,工作位置上的活动空间设计与人体的功能尺寸密切相关。由于活动空间应尽可能适应于绝大多数人使用,设计时应以高百分位人体尺寸为依据,中国一般以中国成年男子第 95 百分位身高为基准。

在工作中常取站、坐、跪(如设备安装作业中的单腿跪)、卧(如车辆检修作业中的仰卧)等作业姿势。图 6-31～图 6-34 分别为立姿、坐姿、单腿跪姿

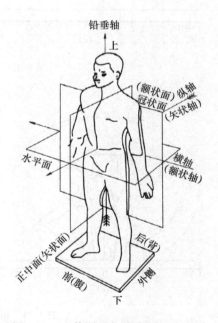

图 6-30　人体测量的基准面与基准轴

和卧姿的活动空间人体尺度。

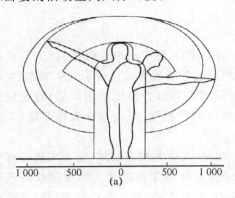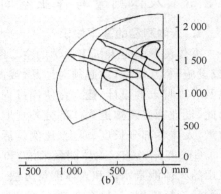

图 6-31　立姿活动空间的人体尺度

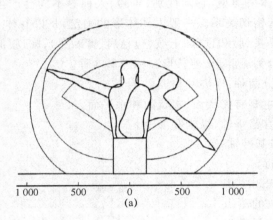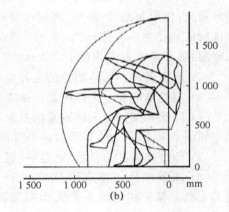

图 6-32　坐姿活动空间的人体尺度

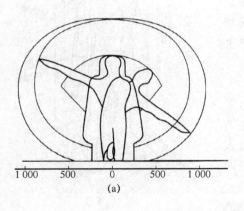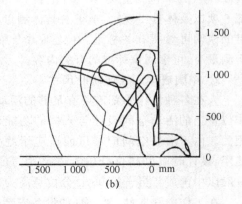

图 6-33　单腿跪姿活动空间的人体尺度

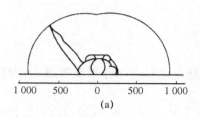
(a)

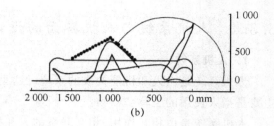
(b)

图 6-34 卧姿活动空间的人体尺度

3. 工作台的设计

工作台含义很广,凡是工作时用来支承对象物和手臂,放置物料的桌台,统称为工作台。

其形式有桌式、面板式、直框式、弯折式等几种。办公桌、课桌、检验桌、打字台等多采用桌式,控制台可用框式或面板式。

工作台设计的主要内容包括:尺寸宜人、造型美观、方便使用、给人以舒适感。

工作台面的大小与台面上布置的显示器、控制器的数量以及它们的尺寸有关,如果这些装置元件多且尺寸大的话,台面尺寸就大,反之要小些。图 6-35 和表 6-2 显示出了各显示器和控制器在工作台面上的位置,这些位置与它们的重要性和使用频率有关。

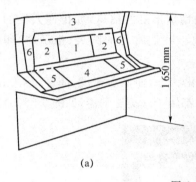
(a)

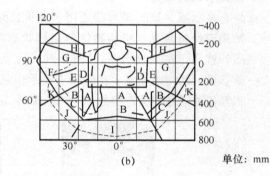
(b)
单位:mm

图 6-35 工作台面板控制分区图

表 6-2 显示器与控制器在工作台面上的位置及使用情况(与图 6-35 对应)

显示器与控制器的使用情况		建议分布位置(编号与图 6-35 对照)
显示器	最常用:主要	1
	较常用:重要	2
	次常用:次重要	3
控制器	常用	4,A,D
	次常用	5,B,E
	不常用	6,C,F,G,H,I,J,K
	按显示直接操作	A,B,C,
	精确度要求不高	A,B,C,I,J
	清晰度要求低	D,E,F,G,H,K

6.3.4 人机系统与人机界面的设计

1. 人机系统

人机系统是由人和机器构成的系统。这里的"人"是指机器的操作者和管理者,"机"主要是指人使用的工具和器物。

人机系统是由相互作用、相互联系的人和机器两个子系统构成的,且能完成特定目标的一个整体系统。由于人的工作能力和效率随周围环境因素而变化,任何人机系统又都处于特定环境之中,所以在研究人机系统时,应当把环境当成一个重要因素来考虑。因此完整的人机系统应包括人、机、人机之间的界面以及人机系统所处的环境。

2. 显示器装置的设计

(1) 视觉显示器

视觉显示器是指依靠光波作用于人眼,向人提供外界信息的装置。视觉显示器的形式多种多样,简单的如一束灯光、一张地图、一个路标等;复杂的如计算机荧屏显示器、汽车驾驶仪表等。无论是何种形式的视觉显示器,都有一个共同点,即都必须通过可见光作用于人的眼睛才能达到信息传递的目的。视觉显示器可以有不同的分类。

① 按显示状态划分

- 静态显示器。该类显示器适用于显示长时间内稳定不变的信息,如传递人类的某种知识经验或显示机器物件的结构状态等信息。我们常见的图表、指示牌、印刷品等就属于这类显示器,见图 6-36(a)。

- 动态显示器。该类显示器适用于显示信息的变化状态,如显示速度、高度、压力、时间等各种信息的动态参数,如钟表、荧屏、雷达等都属于这类显示器,见图 6-36(b)。

(a) 商场楼层指示牌   (b) 万用示波器

图 6-36 静态显示器与动态显示器

② 按显示信息的量划分

- 定量显示器。这类显示器显示信息之间的数量关系,如计数器、压力表、温度计等,见图 6-37(a)。

- 定性显示器。这类显示器显示信息的变化趋势或者有关性质和状态,如交通信号、安全标志、开关状态等,见图 6-37(b)。

(a) 计数器 (b) 交通安全标志

图 6-37 定量显示器和定性显示器

③ 按显示信息的表征方式划分

- 形象显示器。这类显示器一般采用图片、图形、实物传真等方式来显示信息,具有直观生动、易于理解、译码快捷等优点。
- 抽象显示器。这类显示器一般使用符号、代码、文字、数字等方式来显示信息,具有简洁明了、信息丰富、组合方便等优点。

（2）听觉显示器

由于听觉获得的信息仅次于视觉,在下列情况下可选用听觉显示器:当操作人员经常走动而需要及时处理事件和告急信息时;视觉系统负担过重;设置视觉显示器的部位太亮或太暗不适应需求时;原始信号是声音及完全使用语言通道等。

常用听觉显示器有铃、蜂鸣器、喇叭、扬声器等。

（3）触觉显示器

在特定情况下,信息的传递依靠触觉更为有利时,可选用触觉显示器。

3. 控制装置的设计

显示器和控制器是人与机器发生交互作用的两个重要接口。显示器可以帮助人们了解机器活动的情形,而通过控制器却是为了影响或支配机器的活动。因此,控制器的质量对人的工作效率和生产安全具有十分重要的意义。

质量优良的控制器,必须具有以下两方面的特点:

- 材料质地优良、功能合适;
- 适合于操作者使用,使操作者能方便、安全、省力和有效地使用。

要满足上述要求,就必须把控制器的大小、控制力、位置安排、形状特点、操作方法等设计成与人的身心、行为特点相适应。图 6-38 为掌上伴侣遥控器。

控制器的类型多种多样,可从不同角度对其进行分类。

（1）按运动方式划分

① 旋转式控制器。通过转动改变控制量的控制器,如手轮、旋钮、曲柄等。这类控制器可用来改变机器的工作状态,起调节或追踪的作用,也可将系统的工作状态保持在规定的工作参数上。

② 平移式控制器。通过前后或左右移动改变控制量的控制器,如操纵杆、手柄等,可用于工作状态的切换,或作紧急制

图 6-38 掌上伴侣遥控器

动之用,具有操作灵活、动作可靠的特点。

③ 按压式控制器。通过上下移动改变控制量的控制器,如按键、钢丝脱扣器等。这类控制器具有占地小、排列紧凑的特点,但一般只有接通与断开两个工作位置,常用于机器的开停、制动,现在已普遍地用于电子产品中。

(2) 按信息特点划分

① 离散式控制器。这类控制器用于控制不连续的信息变化,只能用于分级调节,所控制对象的状态变化是跃进式的,如电源开关、波段开关、按键开关以及各种用于分档分级调节的控制器。

② 连续式控制器。这类控制器所控制的状态变化是连续的,如旋钮、手轮、曲柄等。连续式控制器可用于无级调节,它能使控制对象发生渐进的、平滑的变化。

(3) 按人的操作器官划分

① 手控制器。手跟身体其他部位的器官相比,灵活、反应快、准确性高,其结构和功能特别适合于操作各种各样的控制器,因此,人机系统的大部分控制器都是用手操作的。手控制器种类很多,常见的有开关、按钮、按键、旋钮、手轮、手柄、操纵杆、触摸屏等,如图6-39所示为常见的手控制器等。

图 6-39 常见的手控制器的形状

② 足控制器。足的活动远不及手灵巧多变,因此,足控制器的式样和功能都比较少,一般用于一些比较简单,精度要求不高的控制任务,常用的足控制器有足踏器、刹车等,如图6-40 所示为外科手术仪器上使用的脚踏开关。

③ 其他控制器。在某些情况下,可利用言语声、眼动、头动及生物电等来操作控制器,如图 6-41 所示为眼动仪。当然,这类控制器远不及手足控制器使用普遍,目前还只作

为一种辅助性的控制器加以使用,但随着技术的进步,今后将会有快速的发展。

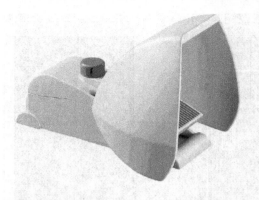

图 6-40　外科手术仪器上使用的脚踏开关

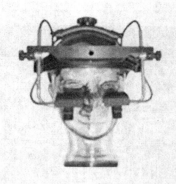

图 6-41　眼动仪

（4）按控制维度划分

① 单维控制器。如果显示信息用的是多个单维显示器,则通常选用相应的若干个单维控制器。

② 多维控制器。通常如果各控制轴的控制阶相同,并且不存在交叉耦合的问题,则选用一个多维控制器比选用多个单维控制器的效果好。

4. 人-计界面设计

（1）人-计界面定义

所谓界面就是进行信息交流的接口,根据这一定义,我们可以理解为人-计界面就是人和计算机相互作用、相互进行信息交流的接口。在这个界面中,人和计算机是两个重要的组成系统,而界面是人与计算机之间传递、交换信息的媒介（图 6-42 为××软件系统的菜单）,是用户使用计算机系统的综合操作环境。通过人-计界面,用户向计算机系统提供命令、数据等输入信息,这些信息经计算机系统处理后,又通过人-计界面,把产出的输出信息回送给用户。

人-计界面（Human Computer Interface, HCD）又称人机接口、用户界面（User Interface）,是计算机科学中最年轻的分支之一,是计算机科学与心理学、图形学、认知科学和人机工程学的交叉研究领域。近年来,随着软件工程学的迅速发展,新一代计算机技术研究的推动,以及网络技术的突飞猛进,人-计界面设计和开发已成为国际上一个非常活跃和热门的研究方向。

人-计界面主要包括两类:硬件界面和软件界面。硬件界面包含计算机输入装置和输出装置,前者如键盘、鼠标、图形输入板、光笔、触摸屏、追踪球、操纵杆等,后者则包含显示器、打印机、绘图仪等。人只有利用这些输入和输出装置,才能实现与计算机的信息交流。软件界面则要通过编程来实现其功能。设计各种软件的目的在于要使计算机能适用于使用者的要求,不仅要能够有效地完成工作任务,而且要使使用者操作方便,易学易用。可以说,人-计界面不同于一般人机界面的地方主要体现在软件界面上。

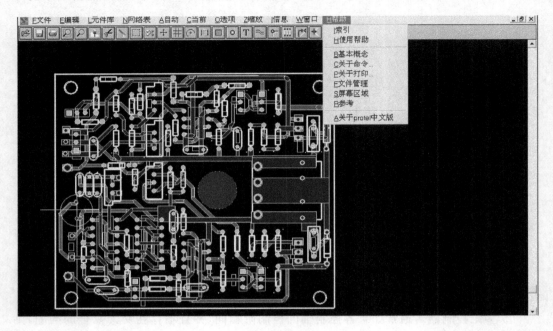

图 6-42 菜单界面

(2) 人-计界面研究的内容

人-计界面学主要是认知心理学和计算机科学相结合的产物,同时还涉及哲学、生物学、医学、语言学、社会学等,是名副其实的跨学科、综合性的交叉性学科。其研究范围包括硬件界面、界面所处的环境、界面对人的影响、软件界面以及人机界面开发工具等。

Hewett 等将人-计界面分为自然的人计交互、计算机的使用与配置、人的特征、计算机系统与界面结构、发展过程等 5 个部分,并将其关系表示为图 6-43。

(3) 人-计界面发展趋势

第 5 代高性能计算机的出现和普及在很大程度上取决于人-计界面技术的突破,面对用户在计算机使用方面不断变化、多层次、多方位的需要,早期的人-计界面已日渐淘汰,界面设计正朝着高科技化、自然化和人性化的方向前进。

① 三维用户界面

我们始终是生活在实在的三维世界中,对三维形体自然感到亲切,辨别物体的空间形状、大小、位置和光泽等也很准确,三维用户界面就能达到这种效果。目前,大量的应用软件如游戏、教学、CAD、艺术和广告等都使用三维用户界面,甚至在 MIS 中也大量使用三维显示,以使用户能更为有效、迅速地接受信息。图 6-44 为三维度控制鼠标。

② 多媒体和超媒体界面

• 多媒体(Multimedia)

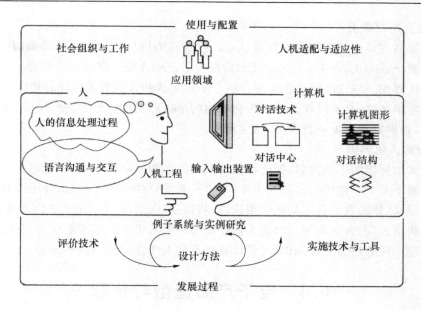

图 6-43 人-计界面研究的内容

多媒体是近几年来方兴未艾的计算机技术,受到广泛的计算机用户的普遍赞赏。多媒体界面将多种信息建立逻辑连接,使其集成为一个交互系统,融视、听、图文、影像于一体,以满足用户感官上的多重需要,使其获得一种美的享受。

多媒体技术应用于计算机系统,使人们可得到更多、更直观的信息,简化了用户的操作,扩展了应用的范围,同时也对计算机的处理能力、存储能力、通信能力及编程技术等提出了一系列新的要求。

图 6-44 三维度控制鼠标

- 超媒体(Hypermedia)

超媒体系统是超文本与多媒体技术的结合。超媒体系统界面设计的总原则是友好、灵活,包括屏幕设计、菜单设计、窗口设计和热标处理。

③ 多通道用户界面

PC平台上应用需要面对一个庞大的非专业用户群,因而使得交互方式自然化的要求尤为突出。多通道用户界面(Multi model User Interface)力图将人人熟悉的交互技能映射到人计交互中,从而减轻使用计算机的负担。

④ 虚拟现实技术

虚拟现实又称虚拟环境(Virtual Environment,VR)或者"灵境",是一种先进的人机接口,给用户同时提供诸如视、听、触等各种直观而自然的适时感知交互手段,使用户有一种身临其境的感受。

⑤ 社会用户界面

用户界面在经历了字符用户界面(CUI)和图形用户界面(GUI)阶段后,现在正向社会用户界面(Social User Interface,SUI)阶段发展。SUI是全媒体用户界面,GUI至多可称为多媒体界面。SUI的特点在于通过一个实际生活和日常生活环境的软件界面来集成管理各种常用软件,必要时在卡通人物和动物的语言和动作引导下进行操作,使用户感觉亲切舒适,各种操作对象一目了然,易学易用。

⑥ 智能人机界面

随着人工智能的迅速发展,智能技术与人机界面相互融合,产生了智能人机界面。智能人机界面不是一个整体一致的技术方向,也不是单一的学科方向,迄今还没有一个明确的概念和定义,然而它的目的却比较明确,即将以往"人适机"的设计(如DOS系统复杂的命令)向"机适人"的方向发展。智能人机界面与一般人机界面的区别在于:它以人与机器共同协作完成任务作为先决条件,可使计算机更加人性化,更友好,更亲切。

6.4 电子产品造型与色彩

现代电子产品不仅要具备使用功能,同时还要具备审美功能。这种在产品上体现出的审美功能称为技术美学,它已成为美学的一个分支。电子产品追求审美功能也成了产品设计的一个重要方面。构成电子产品的审美要素从客体来讲主要是两个:造型和色彩。

电子产品造型的美学功能主要体现在两个方面:一个是在电子产品的外部形态上体现;另一个是在主面板上体现,如面板各功能区的划分,各控制器(旋钮)、显示器(表头)的形状。电子产品色彩的美学功能更多地取决于审美的主体——人。不同群体的使用者由于所处审美角度的不同而使他们对美的定义大相径庭。

在进行电子设备造型与色彩设计时,还必须考虑人机工程学。人机工程学是研究"人机"系统中人和机器相互关系的规律,从机器适合于人使用的角度向设计人员提供必要的数据和要求。

本节介绍最基本的电子产品造型、色彩的美学原理及常用的方法。

6.4.1 电子产品造型的美学规律

1. 统一与变化

形式美是审美客体物的形式所引起的审美主体(人)的美感。如果形式很美,立即就能吸引人,唤起人们的美感。所以在众多的工业造型的美学因素中,形式美最为人们所关注。在形式美的3大规律(统一与变化、均衡与稳定、比例与分割)中,统一与变化是最基本的,也是最具艺术表现力的。所谓统一是指产品造型中集中强调构成产品的某个共同因素。统一使人感到单纯、和谐、稳定,若只有统一无变化,则使人在心理上感受不到刺激,也就是说,美不能持久。因此,过分强调统一的产品会显得呆板、单调、乏味。变化是刺激的因素,它能使产品产生活泼、生动、运动的效果,但也不能过分,否则会导致混乱、庞杂和不协调。因此,统一与变化要掌握适度,才能产生美感。

就一般来说,应做到统一中有变化,变化中有统一,如一套品牌电脑(如图6-45所示），有显示器、机箱、鼠标、键盘、音响等，由于它们的功能不同，因此外形各异，这就是它们的变化。为了说明它们是成套的，就必须在它们的外观造型上设计出它们的共同因素，如在色彩、质地、线条造型、装饰风格上必须取得一致，这就是它们的统一。根据这一规律来指导造型，才能有统一感、整体感，使人觉得是一套品牌机。

图 6-46 所示的这一款手机有着圆角的矩形外壳，有屏幕和诸多功能键，这是变化因素。为了求得造型的统一，把键盘按键也设计成圆角矩形，其他侧键与摄像头都是圆形。由于这些软键的功能不同，大小不同，又构成了变化。由于该手机恰当地使用了统一与变化的规律，因而成为直板经典机型。

图 6-45　品牌电脑

图 6-46　直板手机

韵律是指统一与变化表现为有规律的运动。在造型设计中它表现为造型元素（点、线、面）作有规律的重复，从而使人产生节奏感。图 6-47 为造型元素作周期变化的例子。

调和与对比是统一与变化的表现手法。在不同的事物中，强调其共同因素以达到协调一致的效果称为调和。如一系列相似的矩形，各部分的色调一致等。

相反，突出事物互相对立着的因素，使个性更加鲜明，即为对比。在造型设计中，恰当地运用调和与对比手

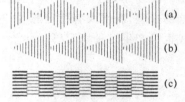

图 6-47　造型元素作周期变化

段，正确处理好它们之间的关系，可使电子设备的外观生动活泼，既富有个性又稳定协调，给人以整体、统一感。

2. 比例与分割

选用良好的比例，是产品造型中最基本的内容之一，可以说美的造型都具有良好的比例。所谓比例是指产品各部分之间，各部分与整体之间的大小关系。所谓分割是把整体分为不同（或相同）的部分。美的分割应使部分与整体间，部分与部分间保持良好的比例关系，以使产品有一个美的造型基础。

3. 均衡与稳定

均衡是指造型物前后或左右的相对轻重关系，而稳定是指造型物上下的轻重关系。当然这里的"轻"、"重"是指视觉上的，由视觉而产生的心理上的力和重量。因此均衡与稳定是指造型的视觉均衡与稳定。物体由于其结构、材料、色彩、质地的不同，所表现出来的重量感不同。研究均衡与稳定这一规律目的是为了获得造型物的平衡感与安定感。

均衡有对称及平衡两个方面。对称使人在视觉上感到一致，从而产生静态美。平衡是指虽然形体大、小不相等，但通过颜色的深浅来给人以一致感，从而产生动态美，如图6-48所示。图6-48(a)是对称造型的等离子宽频彩电，给人以庄重的静态美。图6-48(b)为红外温度计，浅色的部分显得轻但面积大，深色的部分显得重但面积小，因此给人的感觉是平衡的，加上流线型的机壳，这就产生了活泼的动态美。

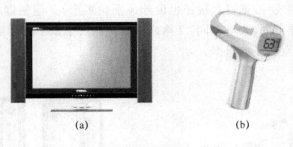

(a)	(b)

图 6-48　均衡与稳定

稳定与力学原理有关。重心低则稳，因此采用稳定造型可以给人以安详轻松的感觉，但过于稳定会显得笨重，因此对有些产品尤其是一些小型的经常移动的电子仪器，希望有轻巧的造型，给人以活泼、轻松的感觉。

造型物的重心低，底部接触面积大，则有稳定感，反之则不稳定，但处理得好，则有轻巧感。

造型物上小下大则稳定，下小上大则不稳定，但处理得好，会给人以轻巧感。如图6-49所示，图6-49(a)产品造型稳定，图6-49(b)产品造型轻巧，图6-49(c)是笔记本电脑的造型，底面大有稳定感，同时中间有旋转屏幕的支柱，则又有轻巧感。通过颜色的深浅也可产生这种稳定感。

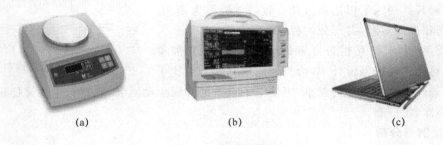

(a)	(b)	(c)

图 6-49　稳定与轻巧

6.4.2　电子产品常用的矩形、比率及分割

1. 黄金分割率矩形

黄金分割最早见于古希腊和古埃及。黄金分割又称黄金率、中外比，即把一根线段分为长短不等的 a、b 两段，使其中长线段的比(即 $a+b$)等于短线段 b 对长线段 a 的比，列式即为 $a:(a+b)=b:a$，其比值为 0.618 033 9…这种比例在造型上比较悦目，因此，0.618又被称为黄金分割率。

若一个矩形的短边与长边的比值为 0.618，则该矩形为黄金矩形，或称为 φ 矩形。一个黄金矩形中除去正方形后所余部分,仍是一个缩小了的黄金矩形,这个缩小了的黄金矩形还可以按同一比例,分割出递次缩小的无穷个同比率的黄金矩形(黄金矩形这种可被无穷地划分为一个正方形和一个矩形的性质,正是外形"肯定性"的表现,也形成"动态均衡"的严格制约)。如把所得的各正方形的有关顶点,用以相对应的正方形边长为半径的圆弧连接,这些圆弧连接后成为一根特殊的涡线——黄金涡线(见图 6-50)。涡线在无限消失点的地方形成矩形的涡眼点,这条黄金涡线具有生生不竭的特征,在视觉上造成独特的韵律美感。这种美感是有其心理和生理缘故的。

人的双眼在固定视点时,两眼由于平行的间距,在理论上我们可将一只眼睛所见焦点作圆心,用另只眼睛的焦点作半径可形成一个重叠的视圈,将这双眼重叠视域简化为矩形的话,那么这个矩形刚好与黄金矩形近似。因此,以黄金矩形的两个涡眼(我们可在图中做出左边一个涡眼)作为人眼平视凝停点,最能产生视觉舒适感(人眼有重心偏高的视觉习惯)。

黄金比例及黄金矩形所具有的这些美感,使得它从古希腊直到 19 世纪,被认为在造型艺术上具有很高的美学价值。世界上许多美好的造型都是依这个比例创造出来的。如维纳斯女神和阿波罗太阳神的塑像,古希腊建筑雅典女神庙及巴黎圣母院、巴黎埃菲尔铁塔等,都与黄金分割比有着密切的关系。我国古代的秦砖、汉瓦,其比例也近似于黄金比。现代生活中的窗户、桌面、报纸、书刊版面、电影片基也都与黄金比有关。不但如此,大自然中的许多自然形态的结构也与黄金比有关。

现介绍两种常用 ϕ 矩形的分割方法。

见图 6-51,$AFGD$ 为 ϕ 矩形,它可以分割成一个正方形 $ABCD$ 和一个 ϕ 矩形 $BFGC$。

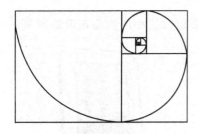

图 6-50 黄金涡线

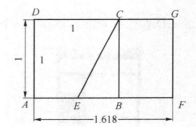

图 6-51 ϕ 矩形的分割方法(1)

见图 6-52,$ABCD$ 为 ϕ 矩形,作角 A 的平分线 AE,与对角线 DB 交于 O 点,过 O 作垂直线 GH 及水平线 IJ,再过 E 作垂直线 EF,则将原 ϕ 矩形分割成两个正方形及 3 个 ϕ 矩形。

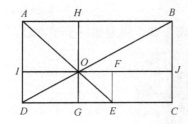
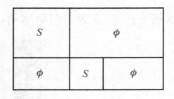

图 6-52 ϕ 矩形的分割方法(2)

2. 均方根比例的矩形

这种比例的矩形是以正方形的一条边及此边的一端划出的对角线长度所形成的矩

形,见图 6-53。按此方法逐渐形成新的矩形。其比例关系为 $1:\sqrt{2}$,$1:\sqrt{3}$,$1:\sqrt{4}$,…这种矩形具有能被分割为若干相似矩形的特点。因而它们之间有和谐的比例关系,就会给人以美的感觉。

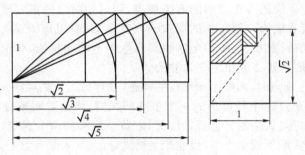

图 6-53　均方根比例的矩形

3. 整数比例的矩形

这种比例的矩形是以正方形为基础组合起来的,如把两个全等正方形的一边重合所产生的矩形,它们邻边比为 1:2,同理,3 个全等的正方形组合而成的矩形,其边比为 1:3,这样就可以得到 1:1,1:2,1:3,…整数比例的矩形。整数比例的矩形也可分割。

4. 应用举例

(1) 某立式机柜(见图 6-54)。这台立式机柜的面板被分割成数个矩形,其中左边是上下两个对称的黄金矩形,右边被分割成 3 个黄金矩形,深色的部分被用来安装控制器件。

(2) PDA(见图 6-55),外框由一个大的黄金矩形包含了小的黄金矩形的屏幕。

图 6-54　立式机柜

图 6-55　PDA

(3) 三门冰箱。图 6-56 为三门电冰箱,两个黄金矩形加一个正方形。

图 6-56　三门冰箱

6.4.3　电子产品的形态

一个产品欲取得好的造型效果,必须综合考虑形态(体)与结构设计这两个环节。形态(体)设计解决形态与比例尺度的选择,而结构设计是为了保证产品功能和外观造型效果而采取的具体结构措施。

形态是指事物在一定条件下的表现形式及其组成形式,包括形状与情态两个方面。对形态的研究不仅指形状的总体和配置,而且指人对物态的心理感受。对事物形态的认识和评价,既有客观的一面,又有主观的一面。电子设备的形态设计,必须利用自然形态(模拟自然物的色、光、质和使用材料的色、光、质),并与已有的人为形态(室内外环境、相关设备)相协调,必须适应人的时代心理特征,才能使设计出来的形态富有艺术感染力。电子产品的形态随功能、使用环境、使用方式、使用对象而异。下面介绍几种常见的电子设备的形态及风格。

1. 盒形结构的形态

盒形结构常指小型的便携式或小型的非规则的六面体结构,盒形结构的造型应体现出轻巧、灵便、生动、精致。以水平线为主调的扁平型能给人以轻便感,具有斜线转折的并具有生动感,如图 6-57 所示。

图 6-57　盒形结构的形态

2. 箱型结构的形态

箱型装置主要由主体结构(框架、骨架)、壳体结构(包括前后面板、上下盖板、左右侧板)和附件(包括把手、提手、底脚、支架等)3 部分组成。箱形结构适用于小型电子产品,一般是置于工作台上由人坐着进行操作、观察和使用。作为人机信息交流的操作、控制装置大多设在箱型结构的前面,故仪器、仪表机箱造型设计的主要部位是机箱的前面和面板,但对办公室自动化设备及家用电器等机箱的造型,除了满足功能外还要求具有较高的艺术观赏价值,因而对其造型在三维空间都提出了较高的要求。箱体结构一般来说形体不大,要求形体简洁、明快、生动、流畅、稳定和舒适,其造型风格以水平线为主,即机箱的外形、装饰线及色带等均以水平方向的平行排列为主调,给人以平稳、安定、沉着、开阔、平静感觉。在此基础上可以做一些变化,如矩形小圆角结构、矩形修棱结构、梯形结构等。如图 6-58 所示的箱型结构形态中,图 6-58(a)是扁平型或超扁型;图 6-58(b)是矩形小圆角结构;图 6-58(c)是矩形修棱结构;图 6-58(d)是梯形结构。其中"扁平型"和"矩形小圆角"造型结构所具有的造型美和良好的工艺性,成了当前机箱造型的主流。

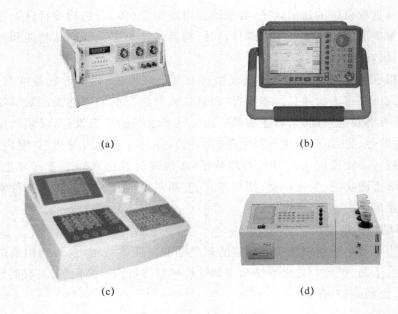

(a)   (b)

(c)   (d)

图 6-58   箱型结构的形态

3. 柜型结构的形态

机柜是一种落地式高大的结构装置,它能充分利用空间,内部可容纳若干个标准的箱型装置,装在机柜上的元器件一般不需要频繁操作和观察,人们通常是在站立状态下操作使用柜型装置。

机柜的外结构一般由主体结构(框架,有时包括底脚)、壁板结构(前、后门,左右侧壁或侧门、顶盖板等)和附件(包括把手、锁、装饰条、风窗、脚轮等)3 部分组成。机柜外形的几何形状,一般为正四棱柱体。正面是人们主要的工作面和观赏面,与人的关系密切,是造型设计处理的主要部位。

机柜的造型以垂直线为主。即造型中以垂直线型的排列为"主调",使线型与其高大的形体取得和谐与统一,造型风格与形式取得一致。以垂直线为主进行造型能引导人的视线向垂直方向延伸,从而取得高大、挺拔、庄重的视觉效果。

立柜式机柜的造型形态基本上是正四棱柱。从机柜的下面来观察,根据机架、前门、侧板的前后位置不同可形成多种形态,现代广泛采用的机柜形态可归纳为"凹形"和"凸形"两类。操作柜、台式柜、屏式柜的造型形态则是在立式柜的基础上进行了局部演变。

图 6-61(a)为凹形机柜,特点是框架突出,门、机箱等内凹。图 6-59(b)为凸形机柜,特点是以框架为基面,门向前凸出,这种形态由于机柜正面没有围框、边框,造型无被包围感和约束感,使机柜正面造型显得高直、挺拔、丰满和简洁、明快。凸形机柜是现代流行且

深受人们欢迎的一种造型形态,特别在高档产品中,尤其如此。

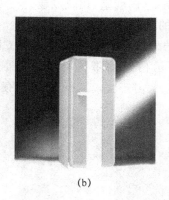

(a)　　　　　　　　　　　　　　　(b)

图 6-59　立柜式机柜的造型形态

4. 台型结构的形态

台型装置的外结构一般由台身、台面、台上结构(仪表架、操作控制)和底脚 4 部分组成,如图 6-60 所示。台身除了作为整个台子的支承结构外,在内部还要容纳各种电气、电子元器件。台面结构有时可装抽屉,仪表架上可装设包括显示器在内的各种显示、指示、报警仪表及元件,操作控制盘上安装各种键盘及操作、控制、调整开关及旋钮等。为提高台型装置的通用化程度,在台身及仪表架上常按 IEC297-1 标准装设

图 6-60　台型结构的形态

机架,以供标准的机箱、插箱上架安装。其造型风格一般是长度方向尺寸大于高度方向尺寸,以用水平线为造型要素。造型中装置的外形构件、装饰条、装饰色带均以水平方向的平行排列为主调。这种以水平线为主的线型风格不仅能给人以稳定、安全、庄重、沉着、平静的感觉,而且由人的视觉惯性可产生横向的开阔、平展、流畅和降低视高感的视觉心理效果,从而能松弛紧张的工作情绪,给人以宽余感。

图 6-61　琴台式结构的形态

琴台式是一种应用最广的典型的控制台,如图 6-61 所示。现在,由于计算机在工业控制中的普遍应用,使各种控制、显示功能大多集中于键盘和显示器上,因而使惯用的大型控制台的台面得以简化,控制台本身的结构亦大大简化。除了有些控制台采用埋入式显示器而仍保留有仪表架以外,许多控制台都没有仪表架和各种冗杂琐碎的控制、显示器件。一般将显示器和键盘直接置于台面上,或采用落地式显示器,而台面上仅有键盘,控制台的型式或采用大型的板式台和柜式台,或采用较长

的桌式台,整个外观简洁明快,线条刚劲,棱角分明,视野开阔,显得美观、大方和气派,与富丽堂皇的控制室(调度室)相映成趣。

5. 显示器的形态

现在使用的显示器主要分两种:一种 CRT 显示器〔见图 6-62(a)〕,是指阴极射线管显示器,以能显示信息的带屏幕的显像管为核心;另一种是更为先进的液晶显示器〔见图 6-62(b)〕,由于其辐射低,小巧轻便,也越来越广泛地应用到生产生活当中。

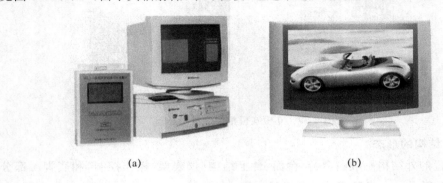

(a)   (b)

图 6-62 显示器的形态

在造型风格上,因显示器与人的信息交流最为频繁,因而操作使用也最为频繁。为保证操作使用的高效率,它的造型设计应具有良好的宜人性,符合人的生理、心理特点及习惯,它是与人贴近的高档产品,因此要求造型能体现出技术的先进性,具有时代感,富于新颖性和艺术性,因此显示器的外观造型在三维空间上的要求都较高。

6.4.4 面板的构造与造型

面板是电子设备(尤其是仪器、仪表)上用来安装控制装置、显示等功能元件的结构,是人机对话的窗口。面板如同产品的脸面,是产品(尤其是仪器仪表及家用电器)外观造型和装饰的核心部位。

面板造型设计的要点是构图匀称、清晰、大方、具有时代感,面板上的字迹及图形简明易懂,且符合操作者的思维规律,面板的色彩对比要鲜明和谐。

1. 面板的分割及构图

面板的合理分割与布置是依据美学规律进行的,但必须结合面板的功能要求及内部电路结构要求全面考虑,才能取得良好效果,面板的美学分割常用下列方法。

(1) 若面板的尺寸比例符合(或接近)特征矩形(即黄金矩形、均方根矩形等),则可按前述分割法则进行分割,这样能取得较好效果。

(2) 如果两板的尺寸比例不符合特征矩形,一般可取宽度的 1/5,高度的 3/10 进行常见的分割,这时能使人感到协调。

(3) 用相似矩形分割法来构图。利用互成比例的矩形对角线互相平行或垂直的方法,来确定面板各功能区及主要元器件的位置及比例。

(4) 用斜线式分割来构图。利用一条或几条斜线将画面分成形状、大小不同的区域。

（5）用曲线式分割来构图。应用曲线分割能使面板既显得活跃和动感，又有安静舒展的视觉效果，有时也可以用对称分割体现端庄稳重感。

2．面板的功能性

面板上各控制显示器的位置应符合人机系统要求及设备本身内在操作关系。现就一般电子仪表面板上各类装置的相对位置介绍如下：

（1）有相关用途的控制器，显示器及连接引出装置尽量靠近；

（2）避免在操作时（如手调整旋钮）手遮住显示装置的视线，所以显示装置应在相应调整旋钮的左方或上方，以利于右手操作；

（3）接线端子一般应放在左、右、下方的边缘，以利导线的引出，如在上方时，引出线将会挡住旋钮、表头等，影响操作；

（4）对于一般的电子产品，电源开关的位置一般应放在左下方，因为电源打开后，就不会再频繁地进行电源开关的操作了，所以电源开关应置于离右手最远处，特殊的仪器与设备应结合实际情况来考虑；

（5）当面板上调整元件及显示元件较多时，可分块、分格及用不同色彩来区分。

3．面板设计举例

2006 年某机箱面板设计大赛的部分机箱面板的功能要求：电源按钮，复位按钮，光驱盒若干，软驱盒若干，电源指示灯，硬盘指示灯，耳机插孔若干，USB 接口若干，其他功能自由发挥。

（1）一等奖作品，见图 6-63。

设计理念：

灵感来自生活，这款"三防机箱"（防水、防尘、防震）就抓住了越野轮胎、冲锋鞋、悍马吉普车及《X 战警》的精髓，体现了运动、前卫及另类等主题，能够瞬间抓住那些喜欢户外运动和追求个性人士的眼光。

面板布局：

对称布局给人以稳重、正统、霸气的美感，左右对称与上下对称相得益彰。

光驱盒（若干）处在上部的 ϕ 矩形中，平行排列；而主要的电源按钮、复位按钮、电源指示灯、硬盘指示灯等全部集中下部的 ϕ 矩形中，其中电源按钮处在双"X"的中心，复位按钮与指示灯分别处在双"X"的上下；软驱盒处在两个大 ϕ 矩形中间的横向小 ϕ 矩形中，也是平行排列；耳机插孔（若干），USB 接口（若干）对称地处在最下端。

板材与颜色：

采用粗犷的铁灰色与活泼的橙色混搭，中心用神秘的黑色点睛，使整个设计充满层次感，板材拟选取钢型材与 PVC 塑料，起到"三防"作用。

（2）二等奖作品，见图 6-64。

设计理念：

选择你的星座拥有自己的星座机箱，每款机箱都有自己的星座符号，这款面板整体造型简洁，线条流畅、大方，符合时尚潮流，而且通过星座的演绎，使它的设计理念得以延续。

面板布局：

非对称的布局，大弧度曲线分割给人以跳跃，灵动的美感，电源按钮、复位按钮、电源指示灯、硬盘指示灯处在左侧边,形成局部的对称,缓和整体的不对称带来的不稳定感;为了使面板更加简洁、流畅,则其他所有的接口和光驱盒(若干),软驱盒(若干)均以"隐形"(在接口外加盖子)状态示人。

板材与颜色:

颜色选取的是黄绿色到墨绿色的渐变色,用金黄色带加以分割,上清下浊,与其流动感强烈的特质相符合,由于对机箱本身的强度与刚度无特别要求,所以采用一般材料即可。

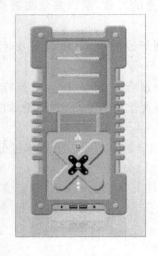

图 6-63　一等奖作品

图 6-64　二等奖作品

6.4.5　电子产品的色彩

电子产品的色彩,对人的视觉观赏和心理、生理都会产生很大的影响。美的色彩使产品造型更美,给人以舒畅、愉快的感觉,有利于提高人的工作质量及工作效率,也能增强产品市场上的竞争能力。关于色彩,应掌握色彩给人的心理感觉、主要色彩的象征意义、各国对色彩的喜好和禁忌、电子设备常用的色彩及配色原理等。

1. 色彩的基本知识

色彩是所有设计表现方法的重要组成部分,它传递作品对感觉产生直接影响的色彩信息,同时也表达了由此产生的各种不同的情感。

16 世纪的大科学家、大艺术家艾萨克·牛顿(1642—1727)是对自然光进行科学研究的第一人,他的光谱理论对光和色之间的关系提供了一个有力的解释。他将阳光从一个封闭了的窗户洞引进暗室,通过三棱镜的照射,将这一光束射到白色的幕布上,使光束分解出鲜明的色彩排列:红、橙、黄、绿、青、蓝、紫 7 种色光,这 7 种颜色光构成了光谱。艾萨克·牛顿发现,如果将另外一个三棱镜放置在被分解的色彩光束中,这些色彩光线将会重新组合成白光,光的三原色可以产生出白光、紫光、绿光和橙红色光,而光谱中的任何两种色光都能混合出不同颜色的邻近色光。这个混合过程就是后来被证实的加色混合法。我们在计算机显示器和电视机中见到的色彩就是这样组成的。而且,艾萨克·牛顿还发现没有光就没有色彩，没有色彩就没有光。

随后，德国版画家雅各布·勒布隆（1667—1741）于 1730 年在绘画中辨别出了光的分解色和色彩颜料。雅各布·勒布隆还发现红色、黄色、蓝色 3 种原色颜料能混合出任何颜色，而且颜色混合得越多，色彩就越混浊，画面就越灰暗，这就是加色混合理论的反向过程，也称减色混合法。我们日常使用颜料作画、调色就是遵循这个原理。

色彩一词的主要概念包含着色彩的色相、明度和纯度 3 个要素。如果挑选一些纯色颜料混合在一起的话，就可能产生出令人意想不到的、强烈的和活跃的色彩。艾萨克·牛顿关于色彩与光同时存在的理论是绘画艺术中的一个十分重要的原则，描绘在纸张上的色彩颜料只有在光的作用下才能表现出鲜明的色彩。同时，基于减色法的原则，表现图的色彩层次铺设得越多，色彩的明度就会逐渐减弱，色彩的 3 个要素中所谓色相是指一个物体的固有色或者色彩的原貌，物体的色相可能是红色、黄色、蓝色、绿色等。色彩明度则表示色彩的明暗程度，主要涉及色彩受光量的多与少。纯度是指色彩最大的饱和程度，假如在一种颜色中加入白色产生浅色调，或者加入一些暗色产生阴影，或者将画面画得透明些，这样色彩的纯净度都减弱了。

红色、黄色、蓝色是 3 种原色，所谓原色指的是最基本的色，是其他种类的色彩所无法调配出来的色。把任何两种原色混在一起，产生一个"间色"。共有 3 种间色，为橙色、绿色和紫色，如图 6-65(b)所示。

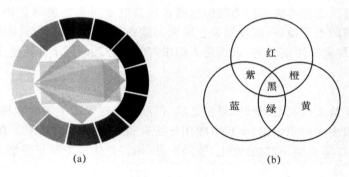

图 6-65　色轮和三原色

从色轮图〔图 6-65(a)〕上可见，原色和原色之间相互保持 1 200°的角度。在色轮中，当两个色块之间处于 1 800°的相对位置，它们互为"补色"，例如红与绿、黄与紫、蓝与橙等。两个补色并置时，它们之间的色彩对比效果最为强烈。色轮中与某色正对的 1/3 区间内的色彩，与该色形成"对比色"关系，对比色之间的色相差异仅略次于补色，仍具有比较强的色彩对比效果。在色轮上相邻 60°～90°以内的色彩称为"调和色"，也称"相邻色"，因为调和色的色相差异较小，其对比关系减弱，给人以柔和的感觉。

用两种互补的色彩或者两种以上的间色混合而产生的色彩称之为"复色"。任何复色都含有 3 种原色，只是成分比例不同而已。复色含的色素较多，故纯度较原色和间色低。原色色素单纯，色泽艳丽，视觉冲击力强。经过两种原色调配后的间色其鲜艳程度有所降低，但仍然有很强的视觉冲击力。这两种类型的色彩在商业广告、信息传媒领域中得到广泛的应用,大多数情况下,总是采用各种程度不同的灰色系列色彩。

图 6-66 色立体

各种色彩无法一一冠以称号,即使少数标有色名的色彩也不准确。同是一种色彩,各颜料、油漆生产厂家出品的产品都有不同程度的差别,其结果在日常的生活和生产中产生的混乱可想而知。色立体在不同的程度上改变了色彩的复杂关系,用科学、准确的手段表示设计中使用的色彩,这比讲授和记录来得方便而又可靠。色立体根据色彩的 3 个基本属性(色相、明度和纯度)使用数码形式来表示色彩。目前国际上已使用多种色立体,例如美国的孟塞尔体系、德国的奥斯特瓦德体系以及日本的色研所体系等(见图 6-66)。

2. 电子设备箱柜的色彩选取

电子设备箱柜的色彩选用主要是色调的选用。不同色调会产生不同的心理感受。在选用时首先应满足电子设备的功能要求,使色调的选用与功能一致,以利于充分发挥设备的效能。如军用电子设备大都选用草绿色调,以有利于军事需要;而一些家用电器则允许采用较艳丽的或华贵的色调(如橙色调),以利于家庭陈设。其次要考虑人机关系的要求,做到人机协调,以提高电子设备的工作效率,减少差错及事故的发生,利于操作者的身心健康,如某些电子设备采用绿色调、灰色调以减少眼睛的疲劳。有时还要考虑机房墙壁的色调也应与电子设备的色调相协调,如采用奶油色墙壁与绿色调的电子设备,或浅褐黄色墙壁与蓝色调的电子设备等。最后还应考虑色彩的时代感,即尽量采用流行色,以满足人们求"新"的心理。以下介绍电子产品外观的色彩应用。

(1)红色

红色虽然能给人以兴奋、激动、紧张之感,但红色光对眼睛的刺激容易引起视觉疲劳,因此在工业上很少大面积使用,个别可能用于工业机箱侧壁。一般用于在面板上的标志以及开关、指示灯等。如小型的(女士)数码产品,用红色体现华丽与热情。

(2)黄色

黄色给人以光明、辉煌、庄重等印象。灰黄是衰败、腐烂的颜色,因此有颓废、病态的一面。一般黄色作机箱主调色较少,但奶黄在机箱上还是常用的。

(3)橙色

橙色给人以充足、饱满、健康动人的感觉,年轻人多喜欢橙色。在机箱上用得较多,如采用浅橘黄与深蓝的对比、浅橘黄与深绿的对比等。

(4)绿色

绿色是眼睛最适应和最能得到休息的颜色,它给人以生命、活泼、希望的感觉,在机箱上应用较多。一般可作机箱主调色,也可作面板色。如以不同明度与纯度匹配,可得到很好的调和色。军绿色也是军用设备常用的颜色。

(5)蓝色

蓝色给人以崇高、深远、凉爽的感觉。蓝色的机箱给人以浩瀚之感,在电子设备中应用较多。如蓝白对比、蓝与奶白对比、都应用较普遍。

（6）紫色

紫色使人眼睛易于产生疲劳，灰暗的紫色容易造成心理上的忧郁。在机箱上很少大面积使用，有些机箱曾用紫调的灰色。

（7）茶色

茶色是一种复色，比紫色活泼些，在机箱上可作外框主调色，机房地板也常用。

（8）土色

土色是土红、土黄、土绿、赭石等混合色，这种色给人以充实、饱满、朴实的感觉，但在机箱上不常使用。

（9）白色

白色给人以光明、清洁、纯洁的感觉。单独的白色比较单调，可作为机箱的主调色，也可与其他色对比使用，如蓝白、绿白、黑白对比。

（10）黑色

黑色给人以烦恼、忧郁、沉默之感，但又有安静、庄重、大方、神秘的感觉。在工业电子设备中，用黑、白、红 3 色组合的机箱比较庄重大方，大部分的商务用手机、PDA、笔记本电脑采用黑色为主调体现稳重与专业。

（11）灰色

灰色对眼睛刺激适中，不易感到疲劳，有安静、严肃的感觉，使人得到休息，但也会使人产生单调、沉闷的感觉。灰色是复色，它可以配成各种倾向性的灰色调，如黄灰、红灰、蓝灰及银灰、铁灰等。它能与任何色彩调和，机箱常用此色为主色调。含灰的隐艳色，正逐渐成为当代箱柜的流行色。

（12）金银色（金属色）

金银色能给人以辉煌、珍贵、华丽、高雅的感觉。在工业电子产品中广泛用于装饰和点缀，但不宜大面积使用，一般用于分割的装饰条及型号、铭牌等，银白色多用于笔记本电脑、手机等小型、微型电子产品，显得高档，有金属感。图 6-67（a）为金属色与黑色相间的PDA；图 6-67（b）为银白色的数码相机；图 6-67（c）为银白色足球形状的车载冰箱。

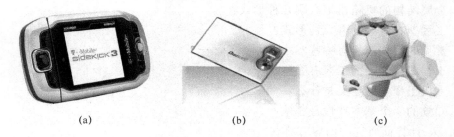

(a)　　　　　　　　　(b)　　　　　　　　　(c)

图 6-67　金属色的小型电子产品

（13）太空色（宇宙色）

在人类向月球探索宇宙奥妙的同时，发现了月球的空间有一种神秘、柔和、迷人的色光，通过分析和模拟，这就成为目前国内外十分流行的太空色。太空色给人以沉着、丰富、神圣、宁静、神秘、朴素的感觉。

小　结

电子产品不仅要有良好的电气性能,而且要有可靠的总体结构和越来越新颖的外观。在设计时,要满足的要求有:保证电子产品的稳定性与可靠性、便于电子产品的使用和维修、良好的结构工艺性、造型及色彩美观大方、结构轻巧、贯彻执行标准化。

电子产品的总体结构,大致由机箱或机柜、底板、插件和前后面板组成,有时还包括其他一些附件,如探头、外部连接线、外挂电池盒等。构成整机机械结构系统的主要要素是:①机箱及机柜;②底座;③面板;④导轨;⑤插箱及箱壳;⑥机箱机柜附件,它们有铰链、位置限定器、定位装置、锁紧装置、把手。

电子产品设计中,除了少数材料所固定的特征以外,大部分的材料都可以通过表面处理的方式来改变产品表面所需的色彩、光泽、肌理等需要。通过改变产品表面的色彩、光泽、纹理、质地等方式,可以直接提高产品的审美功能,从而增加产品的附加值。

人机工程学的研究对象是"人—机—环境"系统中人、机、环境3要素之间的关系。研究的目的是使人们在工程技术和工作的设计中能够使三者得到合理的配合,实现系统中人和机器的效能、安全、健康和舒适等的最优化。在电子产品设计中,要多考虑使用人机工程学的相关知识和技术。

现代电子产品不仅要具备使用功能,同时还要具备审美功能。设计时运用基本的电子产品造型与色彩的美学原理和技术,使产品好看,适合人的审美要求。

思考与复习题

1. 什么是电子产品的整机结构?
2. 对电子产品的整机结构的要求有哪些?
3. 电子产品整机机械结构的形式有哪些?
4. 金属结构的机箱机柜有哪几种形式?
5. 工程塑料机箱有哪几种形式?
6. 常见的工程塑料有哪些?
7. 工程塑料的表面工艺有哪些?
8. 人机工程学的定义是什么?
9. 知觉的4个基本特性是哪些?
10. 人-计界面研究的内容有哪些?
11. 视觉显示器的种类有哪些?
12. 控制装置的分类有哪些?
13. 电子产品造型的美学规律有哪3大规律?
14. 电子产品造型中常用的矩形有哪些?
15. 什么是电子产品的形态?电子产品常见的形态有哪些?
16. 三原色是什么?

第 7 章

电子产品技术工艺文件与体系

【内容提要】

本章主要介绍电子产品技术文件的基本要求和标准化管理；电子产品的工艺文件的定义、分类和编制；电子产品制造企业的认证和有关体系认证。

【本章重点】

1. 电子产品的技术文件的编制。
2. 电子产品的工艺文件的编制。
3. ISO 9000 系列体系认证。

现代工业产品最重要的特点是产品的生产制造是由企业团队完成的。除了深入生产现场指导以外，产品的设计者和生产技术人员还必须提供详细准确的技术资料给计划、财务、采购等部门，这些资料就是技术文件。

现代电子产品制造业的发展日新月异，产品的电路、功能设计和生产工艺在不断提升，电子产品的设计和加工再也不能依靠手工作坊式的口头传述，而要遵循复杂严密的技术文件——设计文件和工艺文件——进行操作。设计文件和工艺文件是电子产品加工过程中需要的两个主要技术文件。设计文件表述了电子产品的电路和结构原理、功能及质量指标；工艺文件则是电子产品加工过程必须遵照执行的指导性文件。通俗地说，前者规定做什么，后者规定怎么做。

设计文件一般包括电路图、功能说明书、元器件材料表、零部件设计图、装配图、接线图、制板图等。工艺文件用来指导新产品的加工，如采用什么样的工艺流程（一般用工艺流程图或工序来表达）、需要多少条生产线，每条生产线多少个工人或工位，每个工位做什么工作（一般用作业指导书来进行规定）、物料消耗、工时消耗等，都在工艺文件中进行详细规定。

设计文件与工艺文件都是把设计目标转换成生产过程的操作控制文件，在生产中有极其重要的指导作用。从事电子制造行业的设计者和生产技术人员要能够写出符合规范的设计文件和工艺文件，作为生产管理者，必须能够读懂这两类文件。

7.1 电子产品技术文件

在产品设计过程中形成的反映产品功能、性能、构造特点及测试试验等要求，并在生产中必需的说明性文件，统称为技术文件。由于电子产品技术文件主要用图的形式来表达，通常也被称为电子工程图。

电子产品技术文件用符合规范的"工程语言"描述产品的设计内容和指导生产过程。其"语汇"就是各种图形、符号及记号，其"语法"则是有关符号的规则、标准及表达形式的简化方式等。

7.1.1 电子产品技术文件的基本要求

对于电子产品技术文件，国家标准已经对有关的图形、符号、记号、连接方式、签名栏等图上所有的内容都做出了详细的规定，相应的国家标准有：

- GB/T4728.1～13　　《电气简图用图形符号》
- GB7159　　　　　　《电气技术中的文字符号制定通则》

在编写产品技术文件的时候，一般有以下要求。

（1）文字简明，条理性强，字体清晰，幅面大小符合规定。

（2）每个文件必须赋予文件编号，文件中所涉及的设备及产品都要附有文件索引号，以便查找。图、表及文字说明所用到的项目代号、文字代号、图形符号以及技术参数等，均应相互一致。

（3）全部技术文件（包括图、表及文字说明），均应严格执行编制、校对、审核、批准等手续。

7.1.2 电子产品技术文件的标准化

电子产品的种类繁多，其表达形式和管理办法必须通用，也就是说，产品的技术文件（电子工程图）必须标准化。标准化是企业制造产品的法规，是确保产品质量的前提，是实现科学管理、提高经济效益的基础，是信息传递和交流的纽带，是产品进入国际市场的重要保证。只有政府或指定部门才有权制定、发布、修改或废止标准。

在专业化的生产中，电子产品技术文件的种类很多。依照行业标准 SJ207.1～4《设计文件管理制度》的规定，仅设计文件就有二十多种；对工艺文件也颁布了 SJ/T10320《工艺文件格式》和 SJ/T10324《工艺文件的成套性》作为电子行业标准。

我国电子制造企业依照的标准分为三级：国家标准（GB）、专业标准（ZB）和企业标准。

（1）国家标准是由国家标准化机构制定，全国统一的标准，主要包括：重要的安全和环境保证标准；有关互换、配合、通用技术语言等方面的重要基础标准；通用的试验和检验方法标准；基本原材料标准；重要的工农业产品标准；通用零件、部件、元件、器件、构件、配件和工具、量具的标准；被采用的国际标准。

（2）专业标准也称行业标准，是由专业化标准主管机构或标准化组织（国务院主管部门)批准、发布,在行业范围内执行的统一标准。专业标准不得与国家标准相抵触。

(3)企业标准是由企业或其上级有关机构批准、发布的标准。企业正式批量生产的一切产品,假如没有国家标准、专业标准的,必须制定企业标准。为提高产品的性能和质量,企业标准的指标一般都高于国家标准和专业标准。

电子产品技术标准的主要内容有电气性能、技术参数、外形尺寸、使用环境及适用范围等。技术标准要按国家标准、专业标准和企业标准制定,并通过主管部门审批后颁布,是指导产品生产的技术法规,体现对产品质量的技术要求。任何电子产品都必须严格符合有关标准,确保质量。

为保证电子产品技术文件的完备性、正确性、一致性和权威性,要实行严格的授权管理。

- 完备性是指文件成套且签署完整,即产品的技术文件以明细表为单位,齐全并完全符合标准化规定。
- 正确性是指文件编制方法、文件内容以及贯彻实施的相关标准是准确的。
- 一致性是指同在一个产品项目的技术文件中,填写、引证、依据方法相同,并与产品实物及其生产实际一致。
- 权威性是指技术文件在产品生产过程中发挥作用,要按照技术管理标准来操作。经过生产定型或大批量生产的产品技术文件,从拟制、复核、签署、批准到发放、归档,要统一管理。通过审核签署的文件不得随意更改,即便发现错误或是临时更改,也不允许生产操作人员自主改动,必须及时向技术管理部门反映,办理更改流程。操作人员要保持技术文件的清洁,不得在图纸上涂抹、写画。

7.1.3　电子产品技术文件的计算机处理与管理

计算机的广泛应用,使技术文件的制作、管理已经全部电子文档化。在当今的技术环境下,某些手工制作的技术文件已很难使用或无法使用。例如,以前手工贴制的 PCB 板图拿到 PCB 制板厂去制板,现在就几乎无法完成,所以,掌握电子产品技术文件的计算机辅助处理方法及过程是十分必要的。

用计算机处理、存储电子工程文件,省去了传统的描图、晒图,减少了存储、保管的空间,技术文件的修改、更新和查询都非常容易,但正因为电子文档太容易修改且不留痕迹,误操作和计算机病毒的侵害都可能导致错误,带来严重的后果,所以应当建立适宜的文件管理程序,其内容包括:

- 必须认真执行电子行业 SJ/T10629.1～6《计算机辅助设计文件管理制度》的规定,建立设计文件的履历表,对每份有效的电子文档签字、备案;
- 定期检查、确认电子文档的正确性,存档备份等;
- 文件发放、领用、更改等应按程序办理审批签署手续,并进行记录。

7.2　电子产品的工艺文件

工艺图和工艺文件是指导操作者生产、加工、操作的依据。对照工艺图,操作者都应该能够知道产品是什么样子，怎样把产品做出来，但不需要对它的工作原理过多关注。

工艺文件一般包括生产线布局图、产品工艺流程图、实物装配图、印制板装配图等。

7.2.1　工艺文件的定义

按照一定的条件选择产品最合理的工艺过程（即生产过程），将实现这个工艺过程的程序、内容、方法、工具、设备、材料以及每一个环节应该遵守的技术规程，用文字和图表的形式表示出来，称为工艺文件。

工艺文件能够指导操作者按预定步骤的要求完成产品的加工过程。

7.2.2　工艺文件的作用

工艺文件的主要作用如下：

(1) 组织生产，建立生产秩序；

(2) 指导技术，保证产品质量；

(3) 编制生产计划，考核工时定额；

(4) 调整劳动组织；

(5) 安排物资供应；

(6) 工具、工装、模具管理；

(7) 经济核算的依据；

(8) 执行工艺纪律的依据；

(9) 历史档案资料；

(10) 产品转厂生产时的交换资料；

(11) 各企业之间进行经验交流。

对于组织机构健全的电子产品制造企业来说，上述工艺文件的作用也正是各部门的职责与工作依据。

- 为生产部门提供规定的流程和工序，便于组织有序的产品生产；按照文件要求组织工艺纪律的管理和员工的管理；提出各工序和岗位的技术要求和操作方法，保证生产出符合质量要求的产品。
- 质量管理部门检查各工序和岗位的技术要求和操作方法，监督生产符合质量要求的产品。
- 生产计划部门、物料供应部门和财务部门核算确定工时定额和材料定额，控制产品的制造成本。
- 资料档案管理部门对工艺文件进行严格的授权管理，记载工艺文件的更新历程，确认生产过程使用有效的文件。

7.2.3　电子产品工艺文件的分类

根据电子产品的特点，工艺文件主要包括产品工艺流程、岗位作业指导书、通用工艺文件和管理性工艺文件几大类。

- 工艺流程是组织产品生产必需的工艺文件；

- 岗位作业指导书和操作指南是参与生产的每个员工、每个岗位都必须遵照执行的；
- 通用工艺文件如设备操作规程、焊接工艺要求等，力求适用于多个工位和工序；
- 管理性工艺文件如现场工艺纪律、防静电管理办法等。

（1）基本工艺文件

基本工艺文件是供企业组织生产、进行生产技术准备工作的最基本的技术文件，它规定了产品的生产条件、工艺路线、工艺流程、工具设备、调试及检验仪器、工艺装备、工时定额。一切在生产过程中进行组织管理所需要的资料，都要从中取得有关的数据。

基本工艺文件应包括零件工艺过程和装配工艺过程。

（2）指导技术的工艺文件

指导技术的工艺文件是不同专业工艺的经验总结，或者是通过试生产实践编写出来的用于指导技术和保证产品质量的技术条件，主要包括：

- 专业工艺规程
- 工艺说明及简图
- 检验说明（方式、步骤、程序等）

（3）统计汇编资料

统计汇编资料是为企业管理部门提供的各种明细表，作为管理部门规划生产组织、编制生产计划、安排物资供应，进行经济核算的技术依据，主要包括：

- 专用工装
- 标准工具
- 工时消耗定额

（4）管理工艺文件用的格式

- 工艺文件封面
- 工艺文件目录
- 工艺文件更改通知单
- 工艺文件明细表

7.2.4　工艺文件的成套性

电子产品工艺文件的编制不是随意的，应该根据产品的生产性质、生产类型，产品的复杂程度、重要程度及生产的组织形式等具体情况，按照一定的规范和格式编制配套齐全，即应该保证工艺文件的成套性。

电子行业标准 SJ/T10324 对工艺文件的成套性提出了明确的要求，分别规定了产品在设计定型、生产定型、样机试制或一次性生产时的工艺文件成套性标准。

电子产品大批量生产时，工艺文件就是指导企业加工、装配、生产路线、计划、调度、原材料准备、劳动组织、质量管理、工模具管理、经济核算等工作的主要技术依据，所以工艺文件的成套性在产品生产定型时尤其应该加以重点审核。通常，整机类电子产品在生产定型时至少应具备下列几种工艺文件：

- 工艺文件封面

- 工艺文件明细表
- 装配工艺过程卡片
- 自制工艺装备明细表
- 材料消耗工艺定额明细表
- 材料消耗工艺定额汇总表

7.2.5 典型岗位作业指导书的编制

岗位作业指导书是指导员工进行生产的工艺文件,编制作业指导书,要注意以下几方面。

(1) 为便于查阅、追溯质量责任,作业指导书必须写明产品(如有可能,尽量包括产品规格及型号)以及文件编号。

(2) 必须说明该岗位的工作内容。对于操作人员,最好在指导书上指明操作的部位。

(3) 写明本工位工作所需要的原材料、元器件和设备工具以及相应的规格、型号及数量。

(4) 有图纸或实物样品加以指导的,要指出操作的具体部位。

(5) 有说明或技术要求以告诉操作人员怎样具体操作以及注意事项。

(6) 工艺文件必须有编制人、审核人和批准人签字。

一般,一件产品的作业指导书不止一张,有多少工位就应有多少张作业指导书,因此,每一产品的作业指导书要汇总在一起,装订成册,以便生产使用。

7.3 电子产品制造企业的认证

现代科学技术,特别是现代信息技术和交通的飞速发展,带动了国际间商务活动的空前发展,它包括货物贸易、技术和服务贸易等国际间的贸易活动,以及以产业资本流动形成的直接投资和以金融资本流动形成的间接投资等国际间的投资活动。据联合国贸易发展组织统计,进入 20 世纪 90 年代以来,世界贸易增长率一直持续快于世界产出增长率,前者为后者的 3 倍。世界经济的融合度越来越紧密,"在竞争中寻求合作,在竞争和合作中寻求发展"已成为世界各国经济发展的基本战略。在世界经济一体化的进程中,为了保护和发展民族工业,保护消费者的合法权益,世界上许多国家都制定了比较严格的市场准入制度,即国家以法律的形式规定:必须符合某种标准要求的产品才能进入市场。这就涉及制造产品的厂商的合格评定问题。从这一点来说早已存在于国际间的产品质量认证制度就是其中的一部分。

产品质量的要求通常是以技术标准来保证的。国际间通用的技术标准已逐渐为各国所采用,但任何技术标准都不可能将顾客的全部期望以及产品在使用中的全部要求都做出明确规定。产品质量的形成涉及产品寿命周期的诸多环节,特别是现代产品技术含量高,不合格产品将会带来严重后果,顾客要求的不仅是产品本身"资格认证"的问题,对制造产品的过程的合格认证要求也日益高涨。因此,通过权威的认证机构对制造商的质量体系进行评价,当证明符合"质量管理体系"标准的有关规定后,便确定其为合格的供应商,予以注册、发给证书。开展质量管理体系认证活动,已经成为制造商赢得用户、占领市场必不可少的活动。作为评定质量管理活动依据的质量管理体系标准,已成为许多国家的国家标准的组成部分,并促使各国对企业内部的质量管理进行规范和融通。随着国际技术经济合作的深入发展,要求各国质量管理体系标准能协调一致,以便成为对合格制造商评定的共同依据。目前风行世界的 ISO 9000 系列标准,就是在这一背景下产生并迅速被世界各国所采用的。

随着世界经济一体化的发展,被动的关税壁垒已被逐渐削弱甚至取消,而一些发达国家利用其技术等方面的优势,为保护自身利益设置的非关税壁垒,特别是其中的"技术壁垒"与"绿色壁垒"日益显著。

根据欧盟 93/68/EEC 号理事大会的规定,一些机械、玩具、建筑材料等产品要进入欧盟这个拥有近 4 亿人口的巨大市场,必须加贴 CE 标志。加贴 CE 标志除产品本身必须符合相关的技术标准和法律法规外,生产厂家的质量体系取得 ISO 9000 系列标准认证是取得 CE 标志的有效途径,因此 ISO 9000 系列标准已成为突破非关税技术壁垒的有力武器。

另外一些发达国家面对当今世界环境污染问题,严格限制涉及环境污染和不利于人身健康的产品进入,形成"绿色贸易壁垒",提出了"绿色产品"和企业质量体系认证,即正在兴起的 ISO 14000 环境管理体系标准的认证。我国已等同采用统一环境管理标准,而 ISO 14000 标准的基本原理与 ISO 9000 系列标准相似,取得 ISO 9000 认证的企业,只要在体系中增加相应环境管理体系要素,便可以同时满足 ISO 14000 标准的要求。因此推行 ISO 9000 标准也是突破绿色贸易壁垒的重要武器。

7.3.1 产品认证和体系认证

国际标准化组织(ISO)对"认证"一词这样定义:"由第三方确认产品、过程或服务符合特定的要求并给以书面保证的程序"(1996 年)。

根据以上定义,可以将认证理解为:认证就是出具证明的活动,这种活动能够提供产品、过程或服务符合性的证据,这种活动一般由专门从事认证活动的机构完成。

按照认证活动的对象,认证可以分为体系认证和产品认证。

体系认证是对企业管理体系的一种规范管理活动的认证。目前,在电子产品制造企业比较普遍采用的体系认证有质量管理体系认证(ISO 9000)、环境管理体系认证(ISO 14000)和职业健康安全管理体系认证(OHSAS 18000)等。

产品认证是为确认不同产品与其标准规定符合性的认证,是对产品进行质量评价、检查、监督和管理的一种有效方法,通常也作为一种产品进入市场的准入手段,被许多国家采用。产品认证分为强制性认证(如我国的 3C 认证、欧盟的 CE 认证)和自愿性认证(如美国的 UL 认证、我国的 CQC 认证)。从事认证活动的机构一般都要经过所在国家(或地区)的认可或政府的授权,我国的 3C 强制性认证,就是由国务院授权,国家认证认可监督管理委员会负责建立、管理和组织实施的认证制度。

7.3.2 中国强制认证

"3C"或"CCC 认证"(China Compulsory Certification)即"中国强制认证"。作为国际

通行做法,它主要对涉及人类健康和安全、动植物生命和健康以及环境保护与公共安全的产品实施强制性认证,确定统一适用的国家标准、技术规则和实施程序,制定和发布统一的标志,规定统一的收费标准。

3C 标志是在原有的产品安全认证制度 CCEE 和进口安全质量许可制度 CCIB 标志的基础上发展起来的,3C 标志实施以后,此两项标志将逐步取消。

作为一个全新的产品市场准入制度,实施 3C 认证是我国产品认证与国际接轨的一种举措,也是我国加入世界贸易组织时所做出的郑重承诺。

3C 认证所涉及的产品种类很多,于 2001 年 12 月公布的《第一批实施强制性产品认证产品目录》(以下简称《目录》)中涉及的产品包含电信电缆、小功率电动机、低压电器、家用和类似用途设备、照明设备、机动车辆及安全附件、医疗器械、消防产品等共 19 类 132 种产品,都是与群众生活密切相关的产品。

3C 产品认证制度的管理和组织实施工作由国家认证认可监督管理委员会(以下简称国家认监委)统一负责,对于国家实行强制认证的产品,由国家认监委公布统一的目录,确定统一适用的国家标准、技术规则和实施程序,制定统一的标志,规定统一的收费标准。凡列入强制性产品认证目录内的产品,必须经国家指定的认证机构认证合格,取得相关证书并加施认证标志后,方能出厂销售、进口和在经营性活动中使用。

3C 标志(如图 7-1 所示)一般贴在产品表面,或通过模压压在产品上,仔细看会发现多个小菱形的"CCC"暗记。每个 3C 标志后面都有一个随机码,每个随机码都有对应的厂家及产品。认证标志发放管理中心在发放强制性产品认证标志时,已将该编码对应的产品信息输入计算机数据库中,消费者可通过国家认监委强制性产品认证标志防伪查询系统对编码进行查询。

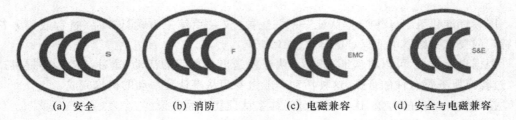

|(a) 安全|(b) 消防|(c) 电磁兼容|(d) 安全与电磁兼容|

图 7-1 3C 认证的标志

强制性产品认证程序由以下全部或部分环节组成。

(1) 认证申请和受理

这是认证程序的起始环节。由申请人向指定的认证机构提出正式的书面申请,按认证实施规则和认证机构的要求提交技术文件和认证样品,并就有关事宜与认证机构签署有关协议(与申请书合并亦可)。认证申请人可以是产品的生产者、进口商和销售者。当申请人不是产品的生产者时,申请人应就认证实施事宜与产品的生产者签署有关文件,对文件审查、样品检测、工厂审查、标志使用以及获证后的监督等事宜做出安排。申请人也可以委托代理人代理认证申请,但代理人须获得国家认监委的注册资格。

(2) 型式试验

型式试验是认证程序的核心环节,当产品为特殊制品(如化学制品)时,型式试验这一环节将被采样试验替代。型式试验由指定的检测机构按照认证实施规则和认证机构的要求具体实施。特殊情况,如产品较大、运输困难等,型式试验也可由认证机构按照国家认监委的要求,安排利用工厂的资源进行。型式试验原则上一个单元一份试验报告,但对于同一申请人、不同生产厂地的相同产品,仅做一次试验即可。

（3）工厂审查

工厂审查是确保认证有效性的重要环节,工厂审查由认证机构或指定检查机构按照认证实施规则要求进行。工厂审查包括两部分内容:一是产品的一致性审查,包括对产品结构、规格型号、重要材料或零部件等的核查;二是对工厂的质量保证能力的审查。原则上,工厂审查将在产品试验完成后进行。特殊情况,根据申请人的要求,认证机构也可安排提前进行工厂审查,并根据需要对审查的人员做出恰当安排。获得授权认证机构的管理体系认证证书的工厂,其质量保证能力中体系部分的审查可以简化或省去。

（4）采样检测

采样检测是针对不适宜型式试验的产品设计的一个环节或工厂审查时对产品的一致性有质疑时,为方便企业,采样一般安排在工厂审查时进行,也可根据申请人要求,事先派人采样,检测合格后再做工厂审查。

（5）认证结果评价与批准

认证机构应根据检测和工厂审查结果进行评价,做出认证决定并通知申请人。原则上,自认证机构受理认证申请之日起到做出认证决定的时间不超过 90 日。

（6）获证后的监督

为保证认证证书的持续有效性,对获得认证的产品根据产品特点安排获证后的监督,认证实施规则中对此做出了详细规定。值得一提的是,获证后的监督包括两部分的内容,即产品一致性审查和工厂质量保证能力的审查。认证机构对获证生产工厂的监督每年不少于一次(部分的产品生产工厂每半年一次)。

7.3.3 国外产品认证

国外产品认证的种类繁多,仅美国就有 50 余种认证体系,世界范围内的认证种类更是举不胜举,下面仅就一些我国出口企业可能涉及的重要国外产品认证做一简要介绍。

1. 北美市场的主要认证:UL、CSA 和 FCC 认证

（1）UL 认证

UL 是美国保险商实验室(Underwrites Laboratories Inc.)的简称,它是世界上最大的从事安全试验和鉴定的民间机构之一;是美洲历史最悠久的独立检测认证机构,也是一个独立的、非营利的、为公共安全做试验的专业机构。它采用科学的方法来研究确定各种材料、装置、产品、设备、建筑等对生命、财产有无危害。开展产品的安全认证和经营安全证明业务,其最终的目的是为市场提供具有相当安全水准的商品。适用于电器产品、防盗设备、防火防爆设备等。

UL 标志分为 3 类,分别是列名、分级和认可标志,这些标志的主要组成部分是UL 的图案,它们都注册了商标,分别应用在不同的服务产品上,是不通用的。某个公司通过 UL 认可,并不表示该企业的所有产品都是 UL 产品,只有佩带 UL 标志的产品才能被认为是 UL 跟踪检验服务下生产的产品。UL 是利用在产品上或产品相关地使用的列名、分级、认可标志来区分 UL 产品(见图 7-2)。我国目前有近万家工厂的出口美国的产品必须获得 UL 标志。

(a) UL列名标志   (b) UL分级标志   (c) UL认可标志

图 7-2　几种常见的 UL 标志

(2) CSA 认证

CSA 是加拿大标准协会(Canadian Standards Association)的简称。它成立于 1919 年,是加拿大首家专为制定工业标准的非营利性机构。在北美市场上销售的电子、电器等产品都需要取得安全方面的认证。目前 CSA 是加拿大最大的安全认证机构,也是世界上最著名的安全认证机构之一。它能对机械、建材、电器、电脑设备、办公设备、环保、医疗防火安全、运动及娱乐等方面的所有类型的产品提供安全认证。

1992 年前,经 CSA 认证的产品只能在加拿大市场上销售,而产品想要进入美国市场,还必须取得美国的有关认证。现在 CSA International 已被美国联邦政府认可为国家认可测试实验室。这意味着能根据加拿大和美国的标准对产品进行测试和认证,同时保证其认证得到联邦、州、省和地方政府的承认。经 CSA International 测试和认证的产品,被确定为完全符合标准规定,可以销往美国和加拿大两国市场。

(3) FCC 认证

FCC(Federal Communications Commission,美国联邦通信委员会)是美国政府的一个独立机构,直接对国会负责。FCC 通过控制无线电广播、电视、电信、卫星和电缆来协调国内和国际的通信。许多无线电应用产品、通信产品和数字产品要进入美国市场,都要求通过 FCC 的认可。

根据美国联邦通信法规相关部分的规定,凡进入美国的电子类产品,包括电脑、传真机、电子装置、无线电接收和传输设备、无线电遥控玩具、电话、个人电脑以及其他可能伤害人身安全的产品,必须通过由政府授权的实验室根据 FCC 技术标准来进行的检测和批准。进口商和海关代理人要申报每个无线电频率装置符合 FCC 标准,即 FCC 许可证。

2. 欧洲市场的主要认证:CE、TÜV、VDE 和 GS 认证

(1) CE 认证

CE 是欧洲共同体市场标准(European Communities)的缩写。CE 标志是一种安全认证标志,被视为制造商打开并进入欧洲市场的通行证。凡是贴有 CE 标志的产品就可在欧盟各成员国内销售,无须符合每个成员国的要求,从而实现了商品在欧盟成员国范围内的自由流通。

在欧盟市场,CE 标志属强制性认证标志。无论是欧盟内部企业生产的产品,还是其他国家生产的产品,要想在欧盟市场上自由流通,就必须加贴 CE 标志,以表明产品符合欧盟《技术协调与标准化新方法》指令的基本要求。这是欧盟法律对产品提出的一种强制性要求。

(2) TÜV 认证

TÜV(Technischer Überwachugs Verein)认证是德意志联邦共和国技术监督协会认证的标志,该协会是德国境内最有影响力的认证机构,TÜV 认证涉及的产品范围主要是压力容器及管道、电力器件、车辆、环境保护、海洋工程、船舶、工程化学以及核能工程等。

（3）VDE 认证

VDE 的全称是 Prufstelle Testing and Certification Institute，意即德国电气工程师协会。VDE 成立于 1920 年，是欧洲最有测试经验的试验认证和检查机构之一，是获欧盟授权的 CE 公告机构及国际 CB 组织成员。在欧洲和国际上，VDE 得到电工产品方面的 CENELEC 欧洲认证体系、CECC 电子元器件质量评定的欧洲协调体系以及世界性的 IEC 电工产品、电子元器件认证体系等的认可。VDE 评估的产品非常广泛，包括家用及商业用途的电器、IT 设备、工业和医疗科技设备、组装材料及电子元器件、电线电缆等。

（4）GS 认证

GS 的含义是德语"Geprufte Sicherheit"（安全性已认证），也有"Germany Safety"（德国安全）的意思。GS 认证以德国产品安全法（SGS）为依据，按照欧盟统一标准 EN 或德国工业标准 DIN 进行检测的一种自愿性认证，是欧洲市场公认的德国安全认证标志。

GS 标志表示该产品的使用安全性已经通过公信力的独立机构的测试。GS 标志虽然不是法律强制要求，但是它确实能在产品发生故障而造成意外事故时，使制造商受到严格的德国（欧洲）产品安全法的约束。和 CE 不一样，GS 标志并无法律强制要求，但由于安全意识已深入普通消费者，一个有 GS 标志的电器在市场可能会较一般产品有更大的竞争力。

如图 7-3 所示为欧美市场上几种常见的认证标志。

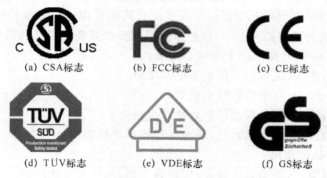

(a) CSA标志　　(b) FCC标志　　(c) CE标志

(d) TÜV标志　　(e) VDE标志　　(f) GS标志

图 7-3　欧美市场上几种常见的认证标志

7.4　体系认证

体系认证，又称管理体系认证，这种认证是由西方的品质保证活动发展起来的。产品认证立足于对具体产品的各种性能是否符合规定的要求，而体系认证致力于确认生产产品的企业的管理活动是否符合特定的要求。

自从 1987 年 ISO 9000 系列标准问世以来，为了加强品质管理，适应品质竞争的需要，企业家们纷纷采用 ISO 9000 系列标准在企业内部建立品质管理体系，申请品质体系认证，很快形成了一个世界性的潮流。目前，全世界已有近 100 个国家和地区正在积极推行 ISO 9000 国际标准，二十多万家企业拿到了 ISO 9000 管理体系认证证书，并产生了国际多边承认协议和区域多边承认协议。

一套国际标准，在这短短的时间内被这么多国家采用，影响如此广泛，这是在国际标准化史上从未有过的现象，已被公认为"ISO 9000 现象"。

为适应人类社会实施"可持续发展"战略的世界潮流的发展，ISO 于 1998 年又发布了一个环境管理(EM)方面的国际标准，称为 ISO 14000 系列标准。此后，全世界又兴起一个"ISO 14000 热"。

世界经济贸易活动的发展，促使企业的活动、产品或服务中所涉及的职业健康安全问题受到普遍关注，极大地促进了国际职业安全与卫生管理体系标准化的发展。英国标准协会(BSI)、挪威船级社(DNV)等 13 个组织于 1999 年共同制定了职业安全与卫生(Occupational Health and Safety Manage-ment Systems-Specification, OHSAS)评价系列标准，即 OHSAS 18001《职业安全与卫生管理体系规范》和 OHSAS 18002《职业安全与卫生管理体系 OHSAS 18001 实施指南》。如今，不少国家已将 OHSAS 18001 标准作为企业实施职业安全与卫生管理体系的标准，成为继实施 ISO 9000、ISO 14000 国际标准之后的又一个热点。

以下分别对 ISO 9000、ISO 14000 和 OHSAS 18001 标准做一简单介绍。

7.4.1 ISO 9000 质量管理体系认证

近几年，我国各地正在大力推行 ISO 9000 族标准，开展以 ISO 9000 族标准为基础的质量体系咨询和认证。国务院《质量振兴纲要》的颁布，更引起广大企业和质量工作者对 ISO 9000 族标准的关心和重视。

2000 年 12 月 15 日，ISO/TC 176 正式发布了新版本的 ISO 9000 族标准。该标准的修订充分考虑了 1987 版和 1994 版标准以及现有其他管理体系标准的使用经验，将使质量管理体系更加适合组织的需要，可以更适应组织开展其商业活动的需要。

2000 版 ISO 9000 族标准的 4 项核心标准：

- ISO 9000:2000《质量管理体系基础和术语》
- ISO 9001:2000《质量管理体系要求》
- ISO 9004:2000《质量管理体系业绩改进指南》
- ISO 19011:2002《质量和(或)环境管理体系审核指南》

1. ISO 9000 认证作用

(1) 强化质量管理，提高企业效益；增强客户信心，扩大市场份额

对于企业内部来说，可按照经过严格审核的国际标准化的品质体系进行品质管理，真正达到法治化、科学化的要求，极大地提高工作效率和产品合格率，迅速提高企业的经济效益和社会效益。对于企业外部来说，当顾客得知供方按照国际标准实行管理，拿到了 ISO 9000 管理体系认证证书，并且有认证机构的严格审核和定期监督，就可以确信该企业是能够稳定地生产合格产品乃至优秀产品的信得过的企业，从而放心地与企业订立供销合同，扩大企业的市场占有率。可以说，在这两方面都收到了立竿见影的功效。

(2) 获得了国际贸易"通行证"，消除了国际贸易壁垒

许多国家为了保护自身的利益，设置了种种贸易壁垒，包括关税壁垒和非关税壁垒。其中非关税壁垒主要是技术壁垒，技术壁垒中，又主要是产品认证和 ISO 9000 管理体系认证的壁垒。特别是在"世界贸易组织"内，各成员国之间相互排除了关税壁垒，只能设置技术壁垒，所以，获得认证是消除贸易壁垒的主要途径。

(3) 节省了第二方审核的精力和费用

在现代贸易实践中，第二方审核早就成为惯例，作为第一方的生产企业申请了第三方

的 ISO 9000 认证并获得了认证证书以后，众多第二方就不必要再对第一方进行审核。这样，不管是对第一方还是对第二方都可以节省很多精力或费用。还有，如果企业在获得了 ISO 9000 认证之后，再申请 UL、CE 等产品品质认证，还可以免除认证机构对企业的品质保证体系进行重复认证的开支。

（4）在产品品质竞争中永远立于不败之地

国际贸易竞争的手段主要是价格竞争和品质竞争。实行 ISO 9000 国际标准化的品质管理，可以稳定地提高产品品质，使企业在产品品质竞争中永远立于不败之地。

（5）有利于国际间的经济合作和技术交流

按照国际间经济合作和技术交流的惯例，合作双方必须在产品（包括服务）品质方面有共同的语言、统一的认识和共守的规范，方能进行合作与交流。ISO 9000 管理体系认证正好提供了这样的信任，有利于双方迅速达成协议。

2. ISO 9000 族标准的基本要求

产品质量是企业生存的关键。影响产品质量的因素很多，单纯依靠检验只不过是从生产的产品中挑出合格的产品。这就不可能以最佳成本持续稳定地生产合格品。

一个组织所建立和实施的质量体系，应能满足组织规定的质量目标。确保影响产品质量的技术、管理和人的因素处于受控状态。无论是硬件、软件、流程性材料还是服务，所有的控制应针对减少、消除不合格，尤其是预防不合格。这是 ISO 9000 族的基本指导思想，具体地体现在以下几个方面。

（1）控制所有过程的质量

ISO 9000 族标准是建立在"所有工作都是通过过程来完成的"这样一种认识基础上的。一个组织的质量管理就是通过对组织内各种过程进行管理来实现的，这是 ISO 9000 族关于质量管理的理论基础。

（2）控制过程的出发点是预防不合格

在产品寿命周期的所有阶段，从最初的识别市场需求到最终满足要求的所有过程的控制都体现了以预防为主的思想。

- 控制市场调研和营销的质量。在准确地确定市场需求的基础上，开发新产品，防止盲目开发而造成不适合市场需要而滞销，浪费人力、物力。
- 控制采购的质量。选择合格的供货单位并控制其供货质量，确保生产产品所需的原材料、外购件、协作件等符合规定的质量要求，防止使用不合格外购产品而影响成品质量。
- 控制生产过程的质量。确定并执行适宜的生产方法，使用适宜的设备，保持设备正常工作能力和所需的工作环境，控制影响质量的参数和人员技能，确保制造符合设计规定的质量要求，防止不合格产品的生产。
- 控制检验和试验。按质量计划和形成文件的程序进行进货检验、过程检验和成品检验，确保产品质量符合要求，防止不合格的外购产品投入生产，防止将不合格的工序产品转入下道工序，防止将不合格的成品交付给顾客。
- 控制搬运、储存、包装、防护和交付。在所有这些环节采取有效措施保护产品，防止损坏和变质。
- 控制检验、测量和实验设备的质量。确保使用合格的检测手段进行检验和试验，确保检验和试验结果的有效性,防止因检测手段不合格造成对产品质量不正确的判定。

- 控制文件和资料。确保所有的场所使用的文件和资料都是现行有效的,防止使用过时或作废的文件,造成产品或质量体系要素的不合格。
- 纠正和预防措施。当发生不合格(包括产品的或质量体系的)或顾客投诉时,即应查明原因,针对原因采取纠正措施以防止问题的再发生。还应通过各种质量信息的分析,主动地发现潜在的问题,防止问题的出现,从而改进产品的质量。
- 全员培训。对所有从事对质量有影响的工作人员都进行培训。

(3) 质量管理的中心任务是建立并实施文件化的质量体系

质量管理是在整个质量体系中运作的,所以实施质量管理必须建立质量体系。ISO 9000族认为,质量体系是有影响的系统,具有很强的操作性和检查性。要求一个组织所建立的质量体系应形成文件并加以保持。对质量体系文件内容的基本要求是:该做的要写到,写到的要做到,做的结果要有记录,即"写所需,做所写,记所做"的九字真言。

(4) 持续的质量改进

质量改进是一个重要的质量体系要素,ISO 9004.1 标准规定,当实施质量体系时,组织的管理者应确保其质量体系能够推动和促进持续的质量改进。质量改进旨在提高质量。质量改进通过改进过程来实现,以追求更高的过程效益和效率为目标。

(5) 一个有效的质量体系应满足顾客和组织内部双方的需要和利益

即对顾客而言,需要组织能具备交付期望的质量,并有能持续保持该质量的能力;对组织而言,在经营上以适宜的成本,达到并保持所期望的质量。即满足顾客的需要和期望,又保护组织的利益。

(6) 定期评价质量体系

其目的是确保各项质量活动的实施及其结果符合计划安排,确保质量体系持续的适宜性和有效性。评价时,必须对每一个被评价的过程提出如下 3 个基本问题。

- 过程是否被确定? 过程程序是否恰当地形成文件?
- 过程是否被充分展开并按文件要求贯彻实施?
- 在提供预期结果方面,过程是否有效?

(7) 搞好质量管理关键在领导

组织的最高管理者在质量管理方面应做好下面 5 件事。

- 确定质量方针。由负有执行职责的管理者规定质量方针,包括质量目标和对质量的承诺。
- 确定各岗位的职责和权限。
- 配备资源,包括财力、物力(其中包括人力)。
- 指定一名管理者代表负责质量体系。
- 负责管理评审,以达到确保质量体系持续的适宜性和有效性。

3. ISO 9000 管理体系认证步骤

简单地说,推行 ISO 9000 有如下 5 个必不可少的过程:

知识准备—立法—宣贯—执行—监督、改进

以下是企业推行 ISO 9000 的典型步骤,可以看出,这些步骤中完整地包含了上述 5 个过程:

- 企业原有质量体系识别、诊断；
- 任命管理者代表、组建 ISO 9000 推行组织；
- 制订目标及激励措施；
- 各级人员接受必要的管理意识和质量意识训练；
- ISO 9000 标准知识培训；
- 质量体系文件编写（立法）；
- 质量体系文件大面积宣传、培训、发布、试运行；
- 内审员接受训练；
- 若干次内部质量体系审核；
- 在内审基础上的管理者评审；
- 质量管理体系完善和改进；
- 申请认证。

企业在推行 ISO 9000 之前，应结合本企业实际情况，对上述推行步骤进行周密的策划，并给出时间上和活动内容上的具体安排，以确保得到更有效的实施效果。

企业经过若干次内审并逐步纠正后，若认为所建立的质量管理体系已符合所选标准的要求（具体体现为内审所发现的不符合项较少时），便可申请第三方认证。

7.4.2　ISO 14000 环境管理体系认证

ISO 14000 系列标准是 ISO 汇集全球环境管理及标准化方面的专家，在总结全世界环境管理科学经验基础上制定并正式发布的一套环境管理的国际标准，涉及环境管理体系、环境审核、环境标志、生命周期评价等国际环境领域内的诸多焦点问题，旨在指导各类组织（企业、公司）取得和表现正确的环境行为。

ISO 14000 系列标准是顺应国际环境保护的发展，依据国际经济贸易发展的需要而制定的，是组织建立与实施环境管理体系和开展认证的依据。

ISO 14000 环境管理认证被称为国际市场认可的"绿色护照"，谁通过认证，无疑就获得了"国际通行证"。许多国家，尤其是发达国家纷纷宣布，没有环境管理认证的商品，将在进口时受到数量和价格上的限制。例如，欧盟国家宣布，电脑产品必须具有"绿色护照"方可入境；美国能源部规定，政府采购要求只有取得 ISO 14000 认证厂家才有资格投标。

ISO 14001 中文名称是《环境管理体系规范及使用指南》，于 1996 年 9 月正式颁布，是组织规划、实施、检查、评审环境管理运作系统的规范性标准，该系统包括 5 大部分，17个要素，各要素之间有机结合，紧密联系，形成 PDCA 循环的管理体系，并确保组织的环境行为持续改进。

5 大部分是指：
- 环境方针
- 规划
- 实施与运行
- 检查与纠正措施
- 管理评审

这 5 个基本部分包括了环境管理体系的建立过程和建立后有计划地评审及持续改进的循环,以保证组织内部环境管理体系的不断完善和提高。

17 个要素是指:

- 环境方针
- 环境要素
- 法律与其他要求
- 目标与指标
- 环境管理方案
- 机构和职责
- 培训、意识与能力
- 信息交流
- 环境管理体系文件编制
- 文件管理
- 运行控制
- 应急准备和响应
- 监测
- 违章、纠正与预防措施
- 记录
- 环境管理体系审核
- 管理评审

7.4.3 OHSAS 18000 职业健康安全管理体系认证

职业健康安全管理体系(OHSAS)是 20 世纪 80 年代后期在国际上兴起的现代安全生产管理模式,它与 ISO 9000 和 ISO 14000 等标准规定的管理体系一并被称为后工业化时代的管理方法。

随着企业规模扩大和生产集约化程度的提高,对企业的质量管理和经营模式提出了更高的要求,企业必须采用现代化的管理模式,即包括安全生产管理在内的所有生产经营活动科学化、规范化、法制化。国际上一些大的跨国公司和现代化联合企业在强化质量管理的同时,也建立了与生产管理同步的安全生产管理制度。为了提高自己的社会形象和控制职业伤害给企业带来的损失,OHSAS 作为一种自律性的职业健康安全管理体系,渐渐成为了全球化的需要。

实施 OHSAS 18000 认证的作用和意义如下:

- 为企业提高职业健康安全绩效提供了一个科学有效的管理手段;
- 有助于推动职业健康安全法规和制度的贯彻执行;
- 会使组织的职业健康安全管理由被动强制行为转变为主动自愿行为,提高职业健康安全管理水平;
- 有助于消除贸易壁垒;
- 会对企业产生直接和间接的经济效益;
- 将在社会上树立企业良好的品质和形象。

7.4.4　ISO 9000、ISO 14000 与 OHSAS 18000 体系的结合

由于 ISO 9000 系列标准颁布得比较早，有相当数量的企业已经按照 ISO 9000 系列标准建立了质量管理体系，在这种情况下，要建立 ISO 14000、OHSAS 18000 系列标准体系的企业可以考虑将这两种标准与 ISO 9000 标准结合起来，形成一体化的管理模式，这 3 种管理体系在许多相关要素上有相同或相似的地方，是可以互相兼容的。

3 个标准的不同点在于关注的对象不同，按 ISO 9000 标准建立的质量管理体系，其对象是顾客；按 ISO 14000 标准建立的环境管理体系，其对象是社会和其他相关方；按 OHSAS 18000 标准建立的职业安全卫生管理体系，其对象是组织的员工和其他相关方。

企业实施这 3 个标准的相同点如下：
- 组织总的方针和目标要求相同；
- 3 个标准使用共同的"过程"模式结构，其结构相似，方便使用；
- 建立文件化的管理体系；
- 要求建立文件化的职责分工并对全体人员进行培训和教育；
- 持续改进；
- 采用内部审核和管理评审来评价体系运行的有效性、适宜性和充分性；
- 对不合格进行控制；
- 由组织的最高管理者任命管理者代表，负责建立、保持和实施管理体系。

表 7-1 是 ISO 9000、ISO 14000 与 OHSAS 18000 系列标准中的相关要素的关系。

表 7-1　3 种管理体系标准中相关要素的比较

质量管理体系(ISO 9000)	环境管理体系(ISO 14000)	职业健康安全管理体系 (OHSAS 18000)
质量方针	环境方针	职业健康安全方针
质量目标	环境目标和指标	目标
法律和其他要求	法律和其他要求	法律和其他要求
特殊、关键过程及可删减的条款	环境因素	危险源、风险评价、风险控制策划
质量计划	环境管理方案	职业健康安全管理方案
资源、职责和权限	组织机构和职责	机构和职责
培训、意识和能力	培训、意识和能力	培训、意识和能力
沟通	交流	协商与交流
质量体系文件、文件控制	环境管理体系文件、文件控制	文件、文件与资料控制
过程控制	运行控制	运行控制
不合格控制	应急准备和响应	应急准备和响应
纠正及预防措施	检查与纠正措施	事故、事件、不符合和检查与预防措施
监视和测量	监视与测量	绩效测量与监视
记录、记录控制	记录、记录管理	记录、记录管理
质量体系内部审核	环境管理体系审核	审核
管理评审	管理评审	管理评审

7.5 电子产品制造企业常用工艺技术文件实例

如果按照 ISO 9000 系列标准建立质量管理体系,则要求企业建立文件化的控制体系,其中相当数量的文件都与产品的制造工艺相关,下面就列举电子产品制造企业部分常用的工艺技术文件实例。

7.5.1 设备操作工艺文件

设备操作工艺文件是电子企业中指导操作人员正确使用设备的文件,一般要求指明操作人员的职责、操作步骤、操作要求、设备参数设定及保养要求等方面的内容,操作工艺文件的格式如下例:××电子厂《半自动印刷机操作典型工艺》(见图 7-4)、《炉温测试仪的使用》(见图 7-5)。

7.5.2 作业指导书

作业指导书作为文件化质量体系的第三级文件,在质量体系的运行中起着举足轻重的作用,其指导的范围可涉及整个生产的全过程,包括设备的操作、产品或原材料的检验与试验、计量器具的检定、产品的包装等。作业指导书用于具体指导现场生产或管理工作,其结构和形式完全取决于作业的性质和复杂程度,不必也不可能采用统一的结构和形式。因而根据其应当包括的内容可以全部用文字描述,也可以用图表来表示,或两者结合起来使用。下例为××电器厂《回流焊作业指导书》(见图 7-6)、《手贴作业指导书》(见图 7-7)、《锡膏的使用与存储》(见图 7-8)作业指导书。

7.5.3 文件记录的管理规定

企业按 ISO 9000 标准建立质量管理体系后会产生大量的文件和记录,为了使生产作业现场使用的文件合理有效,企业往往会制定一些规定来管理这些作业指导书和记录,如图 7-9 所示为《××电器厂文件管理方案》。

7.5.4 有关安全操作的工艺文件

图 7-10 是《××电器厂安全操作规程》的工艺文件,用于规定贴片机操作的有关安全的内容,以保护设备和操作人员的安全。

编号:DIX-SMT-002

名称	×× 电子厂	工艺			拟制	审核	批准
典型	半自动印刷机操作典型工艺	页次	1/2				

	签名	日期

一、目的

熟悉并掌握锡膏半自动印刷机的调整及正确使用方法。

二、适用范围

本公司半自动印刷机。

三、半自动印刷机的参数设定及调整

3.1 半自动印刷机运行条件：电源为AC220V 50HZ/60HZ，气压为0.5~0.55MPa。

3.2 定位调整

3.2.1 印刷间距调整

将PCB钢网模板置于印刷机钢网网架的左右居中，并拨紧模板，选择钢网板，选择钢网上升下降键，将钢网下降至下始点，同时松开钢网架紧固手柄，调整印刷机顶部"印刷间距设定手轮"依据PCB板厚度调整间距为0~0.2mm，然后拨紧钢架的紧固手柄。

3.2.2 粗调：PCB置平台与钢网模板开口对正，将PCB置于组合印刷平台上，使PCB焊盘与钢网开口基本对正应中位置，然后调整可移动螺钉旋动使钢网模板与钢网开口完全对应，然后旋紧紧组应并锁紧。

细调：微调组合印刷平台正面的两个螺钉旋动（Y轴向微调组）及侧面的一个螺钉旋动（X轴向微调组）使PCB上所有焊盘与钢网模板开口完全对应，然后旋紧下面的两个紧固螺钉。

3.3 印刷行程设定

在完成上述调整后，依据钢网模板大小，分别调整印刷机上左右极限——近接开关。

与左极限——近接开关位置，确定印刷行程。

四、刮刀安装

4.1 刮刀安装

取下刮刀架上，紧固刮刀的螺钉，将不锈钢刀片中心孔与刀架中心孔对准拨紧螺钉即可。

4.2 刮刀高低压力调整

调刮刀架刮刀高低调整螺钉 和 ，及刮刀压力，调整螺钉 和 ，使刮刀成水平状态，且印刷压力约为2kg/cm²印刷压力，一般要求在印刷时模板无残留锡膏为度。印刷压力过大，易造成网板翘曲而产生刮刀不良及降低网板寿命。

4.3 刮刀角度调整

刮刀角度一般保持在45度至60度为宜，在刮刀架上，刮刀内外侧采用单一螺丝来控制，同时调整螺钉 和 来确定刮刀角度，一般不须经常调整。

4.4 刮刀速度调整

刮刀速度一般设定为25~150mm/Sec,其速度调整见半自动印刷操作说明中"八、触摸屏异操作说明"。

五、印刷

5.1 开启电源、气阀。

5.2 印刷前备件、检查有无偏位、小锡珠、多锡膏及锡印现象，如有偏位按3.2所述进行微调。若锡膏印刷有两种情况：一是锡膏过多按锡膏过多处理，对应不同模板间隙，如有 调应按3.2所述进行微调。若锡膏分两种情况：一是锡膏过少，只需用气枪在距网板约10cm处，从下往上吹通即可，二是网膜间距开口，或通技术员采取钢网反面，以擦包焊膏溢出，或堵塞口，更换钢网模板，然后取刮工艺措施处理。

5.3 一切正常开始印刷，每印刷5PCS后用无尘纸擦拭钢网反面，以避免焊膏溢出，或堵塞造成不良品产生。

5.4 印刷结束后，剩余锡膏按"锡膏存储及使用"典型工艺处理。钢网收及刮刀，用酒精及洗水机清洁洗于干净并做好工作场地的5S。

(a)

编号:DX.SMT-002

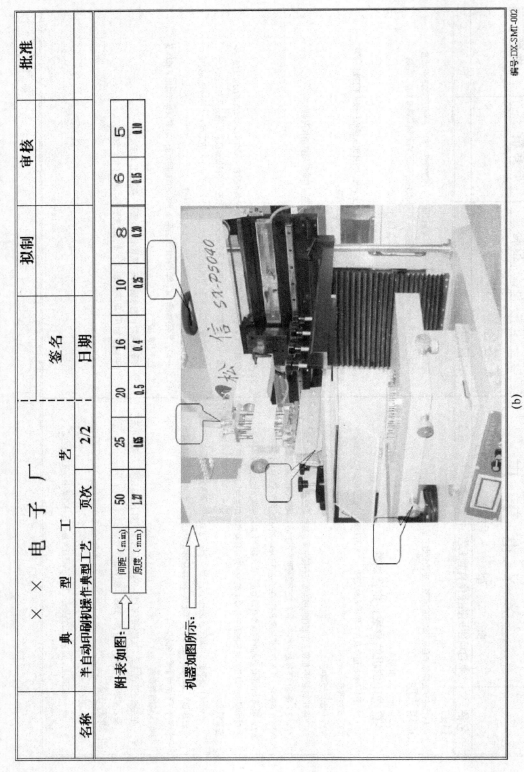

名称	型	××电子厂	工艺	页次					拟制		审核		批准

半自动印刷机操作型工艺　　2/2

签名

日期

附表如图:

间距(min)	50	25	20	16	10	8	6	5
厚度(mm)	1.2	0.05	0.5	0.4	0.5	0.20	0.15	0.10

机器如图所示:

图7-4 半自动印刷机操作型工艺文件

(b)

名称	× × 电 器 厂			拟制	审核	批准
	型 号	工 艺				
炉温测试仪的使用	页次		签名			
			日期			

一、目的：
1. 延长测温仪使用期限。
2. 保障测试炉温的准确度。
3. 保证炉后焊接质量。

二、适用范围
SMT车间回流焊炉温测温仪。

三、职责
技术员负责对测试仪的使用和保养。

四、操作步骤：
1. 将测温仪同外置PCB连线接插头编号连接好，同时准备好手套和测试仪隔热盒。
2. 将测温仪通过数据线连接在电脑上，轻按一下测温仪上的"MODE"键，让"Status"红灯慢闪。
3. 用鼠标左键在单击测试仪之配套应用程序窗口中的"连线变更"和连线申请"，电脑"窗口中所显示的温度数据，确定"电脑"窗口中所显示的测温仪电量大于60%，以清除测试仪中存储的温度数据，将测温仪放入隔热盒，轻按"MODE"
4. 断开测温仪与电脑的连接，在回流焊中前，将测温仪放入上隔热盒，并将外置PCB的隔热盖一同放在回流焊炉的钢网上，使PCB和隔热盒保持至少十个公分的距离。
5. 在回流焊炉未满等待PCB及隔热盒放入炉后，迅速打开隔热盖，轻按一下"MODE"键，使"Status"红灯灯收复慢闪，此时炉温数据已停止读取数据，且炉温数据已存入其待器中。
6. 将测温仪中的温度数据下载到电脑中，分析温度曲线的合理性，可行则打印，不行则及时调整炉温。

五、测温仪的测温连接线的选择：
一般选择一、三、五、或二、四、六通道进行温度测量。

六、感温线线样接线要求：
1. 每个感温线焊点必须用高温焊丝焊接。

2. PCB的感温线焊点需选择2平方毫米左右焊盘。
3. SOP及QFP上的感温线焊点需选择其引脚，但因足感温线的高温器不可与PCB搭接。以免误测温度。
4. 使用最少三个测温点，是为了确认PCB、SOP和QFP的焊接温度在其理论值左右。
（PCB理论值：230℃；QFP理论值：210℃；SOP理论值含于210℃～230℃之间）。

七、炉温测试仪的日常使用及保养原则：
1. 炉温测试仪应放置于干燥、阴凉处。使用时需轻拿轻放，以免损坏测试仪。
2. 每次使用时须测试其电量小于60%，需对测温仪进行两个小时左右的不间断充电后放可使用。

测温仪如下图：

图7-5 炉温测试仪的使用文件

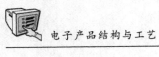

××电器厂 回流焊作业指导书			拟制	确认	审核
版本	1.0	页次 1	签名		
			日期		

一、目的：
提高焊接或固质量。

二、适用范围：
SMT车间JW-5CR-S热风回流炉。

三、工序说明：
热风回流焊接。

四、一般要求和注意事项：
(1) 遇到机器功能或者其它方面不正常时，应及时报告。
(2) 工作区域不准摆放无用的物料。
(3) 遵守管理和安全条例。

五、炉温设定之参数：
(1) 红胶：按照回流焊受120℃需90秒以上，150℃在60~90秒为值。
(2) 锡膏：升温以每秒1~4℃升温。饱和区140至170℃时间在60~120秒。焊接在200℃以上，时间约20~60秒，产品在焊接回流时，PCB实际温度最高温度不能超过230℃，QFP实际为210℃±5℃。
(3) 一切炉温数据应以炉温测试仪测量为准。

六、操作步骤：
(1) 检查电源是否接入。
(2) 应急开关是否复位。
(3) 把电源开关拨到MAN位置，此时设备会自行启动，关机要存头一天的参数文件。
(4) 参数文件要根据PCBA的solder成份或机格设定相应的参数文件。
(5) 待机工作前，务必要在solder下设定首炉，10分钟后装配好的PCB才能过炉焊接或固化。
(6) 关机步骤：结束工作后，务必要在不加热的状态下让传送链条和待送网带空转15分钟，以防传送部分受热不均，发生变形，按下"EXIT"键或主菜单"File"

七、操作注意事项：
中"EXIT"终止上传送系统转退出运行画面结束WIN95控制程序运行退至WIN95桌面退出WIN95系统，将电源开关置于OFF状态。最后关闭空气开关关主电源（若使用AUTO则不必关闭主电源）。
(1) UPS应处于常开状态。
(2) 若遇紧急情况，可以按机器两端"应急开关"。
(3) 控制用计算机禁止其它用途。
(4) 测温插座、插头均不能长时间处于高温状态，每次测完温度后，务必迅速将测温线从炉中抽出以避免高温变形。
(5) 在开启炉体进行操作时，务必要用支撑杆支撑上下炉体。
(6) 在安装程序完毕后，对所有支撑文件不要随意删改，以防止程序运行出现不必要的故障。
注：同机种的PCB，要求一天测试一次温度曲线。
不同机种的PCB在转线时，必须测试一次温度曲线。

图7-6 回流焊作业指导书

版本	1.0	拟制	确认	审核
页次	1	签名		
		日期		

××电器厂手贴作业指导书

一 目的:
规范手贴工位。

二 适用范围:
SMT车间手贴作业。

三 权责:
拉长: 负责作业指导。
作业员: 负责准确、标准地手贴上所需物料。

四 操作步骤:
4.1 准备好所需工具（镊子/真空笔、绵签、牙签）。
4.2 根据样板或图纸确认所贴物料及方向。
4.3 戴好防静电手环或防静电手套。
4.4 用镊子/真空笔将手贴物料垂直放置于PCB所需位置上，物料引脚必须充分与锡膏接触、胶水面元件。引脚必须与焊盘接触。（附《如右图》。
4.5 检查有无贴偏位，若偏位应先用镊子或真空笔垂直拿起物料后按重复步骤4。
4.6 检查红胶面胶水是否偏位、溢胶、少胶、多胶:
4.6.1 用绵签签擦去偏位或多余的胶水，再手贴物料。
4.6.2 胶水不足时应用牙签沾取红胶涂在所需位置（附：红胶涂布标准）
4.7 完成工作后应做好工作现场"5S"。

OK

NO

在贴装时元件不能超出焊盘的四分之一，否则会造成假焊、偏位或焊接不良

OK

NO

在贴装时IC不能超出焊盘的四分之一，否则会造成假焊或移位

编号: WI-PD-01-004

图7-7 手贴作业指导书

名称	锡膏的使用与存储			拟制	审核	批准

×× 电子厂　机型　工艺　页次 1

	签名	日期		

一、目的

掌握焊锡膏的存储及正确使用方法。

二、使用范围

本公司SMT车间。

三、焊锡膏的存储

1.焊锡膏的有效期：密封保存在0℃~10℃时，有效期为6个月。（注：新进锡膏在放冰箱之前应贴好状态标签，注明日期并填写锡膏进出管制表。

2.焊锡膏启封后，放置时间不得超过24小时。

3.生产结束或因故停止印刷时，钢网板上剩余锡膏放置时间不得超过1小时。

4.停止印刷不再使用时，应将剩余锡膏单独用干净瓶冻、密封、冷藏，剩余锡膏只能连续用一次，再剩余时则作报废处理。

四、焊锡膏使用方法：

1.回温：将原装锡膏瓶从冰箱取出后，在室温20℃~25℃时放置时间不得少于4小时以免分回温之室温为度，并在锡膏瓶上的状态纸上与明解冻时间，同时填写锡膏进出管制表。

2.搅拌：手工，用药匙按同一方向搅拌5~10分钟，以全部药匙与搅拌剂搅拌均匀为度。
自动搅拌机，若需搅拌机速为1200转/分时，则需搅拌2~3分钟，以使锡膏搅拌均匀为准。
且在使用时仍需用手动按同一方向搅动1分钟。

3.使用环境：
温湿度范围：20℃~25℃　　45%~75%

4.使用投入量：
半自动印刷机，印刷时钢网上锡膏成处状体滚动，直径为1~1.5cm即可。

5.使用原则：

1.使用锡膏一定要优先使用回收锡膏并且只能用一次，再剩余的做据废处理。

2.锡膏使用原则：先进先用（使用第一次剩余的锡膏时必须与新锡膏混合，新旧锡膏混合比例至少1：1（新锡膏占比例较大为好，且为同型号同批次）。

6注意事项：
冰箱必须24小时通电，温度严格控制在0℃~10℃。

图7-8　锡膏的使用与存储作业指导书

编号:DX.SMT-001

× × 电器厂文件管理方案				拟制	确认	审核
版本	1.0	页次	1			
				签名		
				日期		

一、目的：
规范文件使用和存放

二、适用范围：
SMT车间文件管理

三、内容：
1、文员从文控或其它部门接收到文件必须做好接收记录，并及时准确地发放到相关人手中，签名确认，相关人员阅读后放入相应文件夹中。

2、文件的分类规定：
2.1 工程类文件：
2.1.1 总装明细表：按日期先后存放，方便生成后随时查阅。
2.1.2 BOM单：BOM单按前面数字分为两类，第一类"HY616"数字以下的归为一类放入一个文件夹，第二类"HY616"以上的BOM串放入一个文件夹。
2.1.3 工程变更：按日期先后整理顺序存放，并在BOM单上作出相应变更后签名，机器和备份程序他同时变更并全签名。
2.1.4 机器保养：对每月的机器保养、维修记录表上作出相应变更后签名。
2.1.5 程序清单、作业指导书、备份文件。
2.1.6 原始的各类空白表格：放入此文件夹中，并标示清楚，以备后续类别时查阅使用，使用者在用后，必须放回原处。

2.2 生产类文件：
2.2.1 总装明细表见2.1.1。
2.2.2 BOM单见2.1.2。
2.2.3 工程变更单见2.1.3。
2.2.4 生产类报表：各类记录生产、品质示报表须按日期种类存放。

2.3 其他类文件：
2.3.1 与本部门生产无关的各类文件。
2.3.2 各类作废文件：由文员转交检文控。

3、文件的整理文案：
3.1 文员每半个月整理一次，清理出不同类和作废文件放入相应或各类作废文件中
（定期）将作废文件交于文控。
3.2 相关人员每日整理一次文件，将重复或模糊的文件交于文员，由文员更新对须序列误的文件重新放置。

4、注意事项：
4.1 相关人员接到文件后要及时传阅放到相应的文件夹中。
4.2 文件使用后要及时放回文件夹中。
4.3 按时清理文件夹，避免重复文件放置引起引用文件错误发生。

5、严禁乱用及不相关人员动用文件。

图7-9 文件管理方案

编号:WI-PD-01-014A

××电器厂安全操作规程				拟制	确认	审核
版本	1.0	页次	1	签名		
				日期		

一 目的：
确保机器的正常运转和操作人员的人身安全。

二 适用范围：
适用于本公司所有贴片机。

三 权责：
3.1：生产人员：负责机器的正常操作及安排与日常保养。
3.2：技术人员：负责机器的正常运转及维护与保养。

四 内容：
4.1：非指定人员严禁操作本机器。
4.2：操作员必须经培训，取得上岗证后，方能上岗操作。
4.3：开机前确认：
4.3.1：工作气压是否为0.5~0.55Mpa，飞达是否安装妥当。
4.3.2：并确认本机器不在维修期间。
4.3.3：确认X、Y平台乙轴内无遗漏工具或其他杂物。
4.3.4：确认本机器正常运转所能达到的范围内无任何人或身体任何部位。
4.3.5：乙轴站位上不能有闲置飞达。
4.4：严禁两人或两人以上同时操作本机器（除总点数少于50点的PCB可两人操作之外）。
4.5：更换物料时，一定要确认"料、盘、表、Z位"四相符，并做好换料记录。
4.6：在操作过程中，不能把头、手，或其它异物等伸进安全门内。
4.7：更换物料后，必须检查送料器的安装是否妥当。
4.8：不允许操作员改变机器的参数设置。
4.9：YAMAHA操作员必须佩戴防静电手环。
4.10：机器进行保养时，应先关掉电源，绝不允许有电且未启动解除键的情况下推动X轴和Y轴，以免损坏马达。
4.11：机器一旦发生故障，操作员应及时停机，并通知技术人员，当班班长，不得擅自行动。
4.12：机器在运转中如果有碰撞或异响，需及时按下紧急开关，并通知技术员处理。

五 参考文件：
MVIIF YV100III系列贴片机说明书。

图7-10 安全操作规程工艺文件

编号：WI-PD-01-011A

小　结

　　在产品设计过程中形成的反映产品功能、性能、构造特点及测试试验等要求，并在生产中必需的说明性文件，统称为技术文件。国家标准已经对有关的图形、符号、记号、连接方式、签名栏等以上所有的内容都做出了详细的规定，有统一的标准，编制和管理时要严格按标准执行。

　　工艺图和工艺文件是指导操作者生产、加工、操作的依据。工艺文件一般包括生产线布局图、产品工艺流程图、实物装配图、印制板装配图等。工艺文件能够指导操作者按预定的步骤的要求完成产品的加工过程。

　　随着国际技术经济合作的深入发展，要求各国质量管理体系标准能协调一致，以便成为对合格制造商评定的共同依据。目前风行世界的 ISO 9000 系列标准，就是在这一背景下产生并迅速被世界各国所采用的。产品认证是为确认不同产品与其标准规定符合性的认证，是对产品进行质量评价、检查、监督和管理的一种有效方法，通常也作为一种产品进入市场的准入手段，被许多国家所采用。产品认证分为强制性认证（如我国的 3C 认证、欧盟的 CE 认证）和自愿性认证（如美国的 UL 认证、我国的 CQC 认证）。

思考与复习题

1. 电子产品工艺文件分为哪几类，每一类分别包括哪些文件？
2. 简述作业指导书编制的注意事项。
3. 试述 3C 产品认证程序。
4. 简述 ISO 9001 标准的基本要求。
5. 利用所学的知识，试着自己编写一份工艺文件。

参 考 文 献

[1] 邱川弘.电子技术基础操作.北京:电子工业出版社,1998.
[2] 王卫平.电子工艺基础.北京:电子工业出版社,1997.
[3] 沈惠源.电子设备结构设计与造型.南京:东南大学出版社,1990.
[4] 陈士旺.电子设备结构设计.南京:江苏科学技术大学出版社,1990.
[5] 吴汉森.电子设备结构设计与工艺.北京:北京理工大学出版社,1995.
[6] 梁景凯.机电一体化技术与系统.北京:机械工业出版社,1999.
[7] 韩满林.电子设备造型设计.南京:江苏科学技术学院出版社,1990.
[8] 龚维蒸.电子设备结构设计基础.南京:东南大学出版社,1994.
[9] 赖维铁.人机工程学.武汉:华中工学院出版社,1983.
[10] 王宝臣,等.工业品造型设计.天津:天津科学技术出版社,1982.
[11] 盛菊仪.电子产品的工艺管理及技术.北京:高等教育出版社,2000.
[12] 蔡建国.电子设备结构与工艺.武汉:湖北科学技术出版社,2006.
[13] 沈小丰.电子技术实践基础.北京:清华大学出版社,2005.
[14] 王婷,麦燕来.表面处理工艺在产品设计中的应用.[2006-09-18].http.www.
      333cn.com/industrial/zyjc/84603.html.
[15] 丁玉兰,郭钢,赵江洪.人机工程学.北京:北京理工大学出版社,2000.
[16] 胡锦,等.设计艺术表现.长沙:湖南大学出版社,2002.
[17] 宋启峰.电子设备结构与工艺.北京:高等教育出版社,2002.
[18] 龙立钦.电子产品结构工艺.北京:电子工业出版社,2006.
[19] 韩广兴,等.电子产品装配技术与技能实训教程.北京:电子工业出版社,2006.